中国传统建筑木作知识入门

文物建筑修缮、木雕刻

汤崇平　祝小明　编著

马炳坚　主审

U0389749

全国百佳图书出版单位

化学工业出版社

·北京·

内容简介

本书内容由两章组成。第一章是中国传统建筑木作修缮，主要针对文物建筑残损现状以及修缮的做法进行了较为详细的演示和说明，具体包括大木构架的修缮、斗栱修缮以及装修维修。第二章是中国传统建筑木雕刻，不仅扼要介绍了木雕的发展、演变，还介绍了木雕的不同流派和特点，涉及京作木雕、东阳木雕、潮州木雕、徽州木雕、福建闽南木雕。从木雕技法上，则涉及圆雕、浮雕、透雕、嵌雕、贴雕等，并对木雕的选材、工具使用、工艺流程也做了扼要介绍。

本书中有大量实际照片，标注了各个建筑构件的名称，有相应的技术要点、加工制作与安装方法，具有很强的实操性，非常适合古建筑施工人员、技术人员以及对木构建筑感兴趣的读者阅读参考。

图书在版编目 (CIP) 数据

中国传统建筑木作知识入门. 文物建筑修缮、木雕刻 /
汤崇平，祝小明编著. —北京：化学工业出版社，
2020.10（2024.7重印）
　ISBN 978-7-122-37410-3

　Ⅰ. ①中⋯　Ⅱ. ①汤⋯　②祝⋯　Ⅲ. ①古建筑 - 文物
修整 - 中国　Ⅳ. ① TU366.2

　中国版本图书馆 CIP 数据核字（2020）第 131067 号

责任编辑：徐　娟　　　　　　　　　　　　装帧设计：汪　华
责任校对：边　涛　　　　　　　　　　　　封面设计：尹琳琳

出版发行：化学工业出版社（北京市东城区青年湖南街13号　邮政编码100011）
印　　装：涿州市般润文化传播有限公司
889mm×1194mm　1/16　印张13　字数320千字　2024年7月北京第1版第4次印刷

购书咨询：010-64518888　　　　　　　　售后服务：010-64518899
网　　址：http://www.cip.com.cn
凡购买本书，如有缺损质量问题，本社销售中心负责调换。

定　　价：78.00元

　　《中国传统建筑木作知识入门——文物建筑修缮、木雕刻》是该系列图书的第三册，内容由两部分组成：第一部分是关于传统木构建筑的修缮，由汤崇平先生执笔；另一部分是传统木构建筑的雕刻，由祝小明先生执笔。

　　修缮部分主要介绍传统木构建筑的修缮技术。中国传统建筑是木构承重，木构是有机材料。它有很多优点，也有与生俱来的弱点，易腐朽、易虫蛀、易失火是木构建筑的三大弱点，腐朽又是木构建筑经常发生的情况。柱根糟朽、檐头糟朽、屋面漏雨导致望板椽子糟朽是木构建筑的常见病、多发病。因此，不断对木构建筑进行保护修缮就成为经常性的技术工作。对于古建筑的修缮，中国古代早有相关应对措施，如在《大清会典·内务府》中就有这样的规定：

　　"宫殿内岁修工程，均限保固三年……

　　……新建工程，并拆修大木及新建造者，保固十年。

　　挑换椽望，揭瓦头停者，保固五年。

　　新筑地基，成砌石墙垣者，保固十年。

　　不动地基，照依旧式成筑者，保固五年。"

　　从以上规定可以看出，古建筑是需要经常修缮的，只有通过不断的修缮、保养，才能使木构建筑延年益寿。修缮是传统建筑修建工作的工人、工程技术人员必须掌握的一门传统技术。

　　汤崇平先生从事传统建筑修建工作几十年，不仅掌握着传统木构建筑精湛的建造技术，对修缮技艺也是驾轻就熟，具有丰富的经验。书中介绍的有关修缮的各种技艺措施，都是他几十年从事传统建筑修缮的经验总结，值得从业人员很好地研究学习。

　　雕刻部分详细介绍了关于木雕刻的许多知识与技能。雕刻部分的作者祝小明先生，1970年出生于木雕之乡，自幼喜欢绘画与雕刻。1988年起开始从事雕刻创业，曾师从东阳木雕艺人赵福荣、郭志高、马生华。他传承老艺人的技艺和精神，对木雕技艺孜孜不倦、刻苦追求、一丝不苟、精益求精，掌握了精湛的技艺，取得了骄人的成绩。1998年创办江山市名逸雕刻厂，作品销往中国台湾地区以及日本和东南亚国家，受到商家的高度认可。

雕刻是一门古老的艺术，而且涉及很多领域。建筑中的雕刻主要是用来美化建筑，表达人们对美好事物的向往和追求。建筑雕刻有木雕、砖雕、石雕，其中木雕的内容、题材最为广泛，既可用于大木构件及斗栱的雕刻，更多用于室内外装修及家具的雕刻。由于木材材质较砖石更加容易加工，因此，装饰范围更加广泛。

本书的雕刻部分不仅扼要介绍了木雕的发展、演变，还介绍了木雕的不同流派和特点，涉及京作木雕、东阳木雕、潮州木雕、徽州木雕、福建闽南木雕。从木雕技法上，则涉及圆雕、浮雕、透雕、嵌雕、贴雕等，并对木雕的选材、工具使用、工艺流程也做了扼要介绍，图文并茂，内容具体生动。这些都有助于我们较为全面、深入地了解和学习木雕技艺。

本书的出版将为中国传统建筑技艺的传承增添新的读物，预祝这本书早日付梓。

马炳坚

二〇二〇年三月于北京营宸斋

序二

　　《中国传统建筑木作知识入门》共分四册，第一、第二册讲的是木构架、斗栱、木装修、榫卯以及木材知识，本书是第三册，是讲木构件的修缮和雕刻知识。前三册的总字数将近百万，编写、出版前后用了五年左右的时间，这效率可以说很高了。其实想想也不奇怪，因为这几年的背后是四十多年，有一种方式叫做"只问耕耘不问收获"，汤崇平先生在此之前已默默耕耘了四十多年，只是一直没去收获而已。前几年听说汤先生把企业交由年轻人去管了，当时我还觉得他退休得有些早，有点可惜了。看着眼前这实实在在的三本书，才明白他这几年其实并没闲着。一个技术人能成为成功的企业家不容易，在企业做得风生水起的时候，重又做回技术人更不容易。也许正是有了这样一种对待世事的平常心，反而能把自己想做的事情完成并做好。汤先生的平常心还表现在他在写书这件事情上只考虑事不考虑自己。汤先生对木雕也很熟悉，过去在别的书中也编写过木雕的内容，但为了使本书的内容更丰富，他主动邀请了专门从事木雕的祝小明先生完成这部分内容。为了细节更严谨，他的徒弟周彬也参与了本书的部分工作。这种肯于让名于同行的境界，我很是赞许。汤崇平先生做人和做事都很低调，他的风格是不但低调，而且低到生怕影响到别人，他是自己跟自己认真，自己跟自己较劲，但从没想过要比谁强。这种在名誉上不愿争先，做事绝不"抢阳夺盛"的品格，让我非常欣赏。

　　我发现本书依然保持了前两册的特点，而且亮点很多，例如：（1）本书不是文物保护方面的专业书籍，维修要求却是按近乎修文物的标准编写的；（2）维修的内容既包括了传统技术，也包括了现代技术，做到了传承与发展并重；（3）内容很具体、很实用，既能与修缮方案对接，又能与施工技术文件对接，无论是设计人员还是制作人员，翻开书就能"照葫芦画瓢"；（4）为读者提供了大量的修缮实例，要知道这需要亲身经历过大量的工程实践，需要花大量的时间做现场观察，还要做大量的记录和研究才可能总结出来，所以这些内容是很宝贵又很难得的。

  我不禁在想，要怎样才能写出这样的几本书？这需要长期坚守在施工一线才能"有所见"，需要干过所有的活才能"有所得"，还需要长期的积累才能"有所悟"，除此以外更要"有追求，肯吃苦，能坚守"。我觉得这样的人就是古建传人中的佼佼者。

2020 年 3 月

　　自 2016 年《中国传统建筑木作知识入门》（以下简称《入门》）第一册、2018 年《入门》第二册相继出版，中间相隔了两年。今年是 2020 年，又是隔了两年，《入门》的第三册交付出版社，有望在今年出版，心终于放下了！

　　这本《入门》第三册共包括两部分内容，一是文物建筑木作的修缮，另一个是木作的雕刻。从传统木作细化上讲，这两部分内容的加入，从"入门"的角度上讲，应该是得以概全了，也是本人撰写《入门》几本书的初衷之一。

　　文物建筑的修缮是一项功德无量的工作，只是由于体量、珍稀度和保存的原因无法得到类似于古书画、古瓷器、古家具那样的全社会重视，但完全可以相信，随着社会的逐渐富足，认识的不断提高，文物建筑的珍稀性会越来越得到社会的认可，是会有前途的！

　　文物建筑修缮同时也是一项见仁见智的工作。中国地大物博，各地文物建筑多种多样，做法不一。本人虽然从业接近五十年，但因工作性质所限，只能在亲身经历的数十个修缮工程中总结出一些本人认为可行的经验做法介绍给读者，实属一管之见，仅供大家参考。不妥、谬误之处还请各位专家、同行们一并指正。如能有幸得到更好更直接的评点和指导，那真是不枉编写此书之心了！

　　文物建筑修缮更是一项法规性极强的工作。它有着详尽的法规指导、保留原则，作为从事文物建筑修缮的一员，我们切不可越雷池半步，一定要让老祖宗留下来的经典建筑完好无损地传流延续，不能再愧对于先人、后人。

　　关于木雕刻，本人在 2009 年由刘大可老师主编的《古建筑工程施工工艺标准》一书中做过一节的介绍，但由于不是亲手勾描摹划，执斧雕凿，所写的只能是蜻蜓点水，不求甚解，不能直击根本，这与本书把实操经历用文字做出描述传与他人的编写初衷相差迥异。所以，这次特地邀请了二十多年前经马炳坚老师介绍与本人合作多年的木雕高手祝小明先生一同编写，一是为了更接地气、更有说服力，再就是让《入门》更丰满、更可信。

本书的编写得到了马炳坚老师、刘大可老师一字一句的悉心指导，最终才能有《入门》的"三部曲"。在此特表感谢！

感谢我的师父张平安（已故），是他领我入门学艺；感谢在我学艺路上给予我帮助的原"房二古建队"张海青（已故）、王德宸（已故）、孙永林（已故）、程万里、张三来、闫普杰（已故）、金荣川、林伟生、董均亭、张曦忠（已故）、陈宝祥等多位老师、师傅。

本书在编写过程中得到故宫博物院李永革、尚国华、夏荣祥、付卫东、赵鹏、黄占均、王丹毅、卓媛媛等多位老师的指导和帮助，在此一并表示感谢！

感谢故宫博物院已故赵崇茂、戴季秋两位木作大师，近三十年前的授课让我至今受益！

感谢中国标准化协会文化产业标准化委员会副秘书长、中国建筑劳动学会古建筑专业委员会秘书长、北京大学考古文博学院继续教育项目负责人张蓉芳女士，中国建筑劳动学会学员部主任马靖女士，中国建筑劳动学会培训部主任闫霓女士，是她们提供了"哲匠之家"这个平台，让我结识了四面八方的同行、老师、企业家，获益良多。

弟子周彬和同事李影、郭美婷一同参与本书的编写。感谢宋慧杰女士对本书稿的审改、指正。还要感谢北京同兴古建筑工程有限责任公司第三分公司的全体员工在本书编写过程中给予的各种帮助！也感谢家人、亲友在本书编写过程中提供的各种帮助！

最后感谢化学工业出版社的重视和编辑及校对、审稿等工作人员细致、认真和高效的工作，使本书能尽快并相对完美地呈现给读者。

2020 年 5 月

　　我自幼喜欢绘画及雕塑，1987年经介绍进入礼贤工艺厂当学徒，师从浙江东阳木雕艺人赵福荣学习木雕，师傅教会我传统木雕各种入门技法，让我更加喜欢木雕。后来一次偶然的机会让我进入江西弋阳木雕厂，追随东阳木雕大师郭志高、马生华学习木雕，经过他们的精心指导，我的木雕技艺有了更大提升。随后几年我又不断学习日本和我国台湾的木雕风格，利用现代化工具融入传统手工木雕技法中。自1998年起，我开始和日本客商合作生产木雕佛像、寺庙和佛堂的雕塑至今，日本人追求完美的精神理念让我受益匪浅。

　　1999年我有幸认识马炳坚老师和汤崇平老师，多年来在他们的悉心指导下，我对中国古建筑木雕有了进一步的了解，木雕技艺有了新的突破，也让我更深刻地体会到工匠追求极致、专注、精益求精、追求完美的精神理念，使我的木雕技艺有了自己的风格特点。

　　2016年汤崇平老师撰写《中国传统建筑木作知识入门》第一册时建议我撰写中国传统建筑木雕刻方面的内容，并得到马炳坚老师的鼓励，在两位专家的鼎力帮助下，我开始撰写书稿。根据多年来对传统木雕的自身实践经验，在编写建筑木雕部分的过程中，我以木材理论和雕刻技术相结合，集传统木雕技术与现代工艺于一体。从木雕的发展演变到木雕的不同流派、特点、种类等，以及对木雕的选材、工具使用、工艺制作流程都做了介绍。同时结合古建筑各部位构件以及内装修进行分类整理，穿插了大量实物图片，来分析各种风格建筑木雕的基础知识，可作为木雕爱好者的参考资料。希望能为传承传统建筑木雕贡献绵薄之力，将建筑木雕入门呈献给木雕爱好者。

　　本书的编写，首先感谢马炳坚老师、汤崇平老师的鼓励与精心指导，才得以完成。马炳坚老师在百忙之中对书稿进行了细心的审改和点评，在此表示由衷的感谢！

感谢相柄哲老师、甄智勇老师在编写期间给予我的指导与帮助。感谢古建筑行业后起之秀周彬、李影、郭美婷提供照片。

感谢姜若熊给予我学习木雕的平台。

感谢木雕大师郭志高、马生华、徐晓镛、林文强，以及同仁好友李建生、马九龙、马菊珍、包国彬、郑廖钦、马东德、马兆选、汪金兰、吴生林、周金明、李治本、赵建华、刘永亮的支持帮助。

感谢家人的支持与鼓励。

感谢化学工业出版社给予机会以及相关工作人员对书稿的审稿、校对。

最后，我对所有关心和提供帮助这本书出版的老师、同仁、好友致以真切的谢意。

由于本人写作水平有限，书中疏漏不足之处在所难免，恳请各位专家、学者、木雕爱好者和广大读者予以指正。

祝小明

2020 年 6 月 7 日

目 录

第一章
中国传统建筑木作修缮

第一节 文物建筑修缮的核心理念和原则

我们知道，中国传统木构建筑从雏形、发展、成熟到定型化、制度化距今已有七千多年的历史，它独特优美的造型和极科学的榫卯结构让它在世界建筑史中书写下了浓重的一页。斗转星移，七千年后的今天，尽管有了钢筋混凝土和钢结构等成熟技术的出现，甚至还有了更新建造技术的探索，但由多个木构件榫卯组合的这种房屋结构形式依然受着众多拥趸者的喜爱，而留有几百年、上千年历史印迹的古建筑除了带给人们美的感受外，更带给人们对先人无尽的仰慕和无比的民族自豪感。

对于这些不可再生的中华瑰宝，我国近代的古建筑大师朱启钤、梁思成等提出了这样的修复理念：要整旧如旧，不要整饰一新；要益寿延年，不要返老还童；修旧如旧、带病延年……根据大师们提出的理念，我国又进一步制定了"不改变文物原状"的原则，通过保留原形制、原结构、原材料、原工艺来"恢复原状"的文物建筑修缮核心，还制定了"安全为主、不破坏文物价值、风格统一、排除造成损坏的根源和隐患、预防性修缮为主、旧料利用"这六大修缮原则及后来提出的"最小干预"的修缮原则，从制度上保证了古建筑修缮方法的正确执行。

所谓"恢复原状"，就是指恢复建筑物建造时的原貌。这个要求对现存的文物建筑来说，实现起来比较困难，因建造年代久远，像国内保存下来的年代最早的唐代南禅寺大殿建造于公元782年，距今一千多年了，历经残毁也历经修缮，加之资料留存不全，建筑物真正建造时的"原状"往往受到各种条件的限制而无法恢复。现在常做的修缮通常是"保存现状"。"保存现状"中的"现状"是指建筑物目前存在的面貌，这种现存的面貌应是建筑本身"健康的面貌"，绝不是歪闪、坍塌、破损的"病态"。只有保存好这种"健康的现状"，才能在各方面条件允许的情况下，进一步"恢复原状"。

第二节 修缮工程的分类及内容

一、修缮工程的分类

中国传统木构建筑的修缮工程分为以下五类。

经常性保养工程，系指不改动文物现存结构、外貌、装饰、色彩而进行的经常性保养维护。例如：屋面除草勾抹，局部揭瓦补漏，梁、柱、墙壁等的简易支顶，疏通排水设施，检修防潮、防腐、防虫措施及防火、防雷装置等。

重点维修工程，系指以结构加固处理为主的大型维修工程。其要求是保存文物现状或局部恢复其原状。这类工程包括揭瓦瓦顶、打牮拨正、局部或全部落架大修或更换构件等。

局部复原工程，系指按原样恢复已残损的结构，并同时改正历代修缮中有损原状以及不合理的增添或去除的部分。对于局部复原工程，应以可靠的考证资料作为依据。

迁建工程，系指由于种种原因，需将古建筑全部拆迁至新址，重建基础，用原材料、原构件按原样建造。

抢险性工程，系指古建筑发生严重危险时，由于技术、经济、物质条件的限制，不能及时进行彻底修缮而采取的临时加固措施。对于抢险性工程，除应保障建筑物安全、控制残损点的继续发展外，尚应保证所采取的措施不妨碍日后的彻底维修。

二、木构件坏损分类

（一）构件下沉、歪闪位移

构件下沉、歪闪位移的坏损如图 1-1 ~ 图 1-10 所示。

（a）　　　　　　　　　　　（b）

图 1-1　柱基下沉，柱头高低不一

（a）　　　　　　　　　（b）　　　　　　　　　（c）

图 1-2　冻胀导致柱基下沉

（a）　　　　　　　　　（b）　　　　　　　　　（c）

图 1-3　柱基下沉，柱头高低不一，梁、枋歪闪

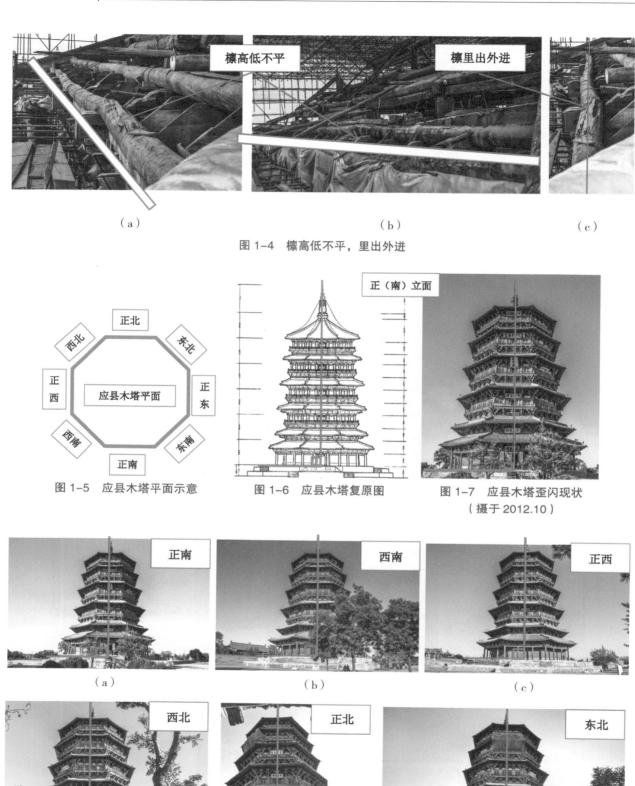

（a） （b） （c）

图 1-4 檩高低不平，里出外进

图 1-5 应县木塔平面示意

图 1-6 应县木塔复原图

图 1-7 应县木塔歪闪现状
（摄于 2012.10）

（a） （b） （c）

（d） （e） （f）

（g）　　　　　　　　　　　　　　　　　（h）

图 1-8　应县木塔各面歪闪现状与水平垂直对比（摄于 2012.10）

注：图中所示木塔各面歪闪现状与水平垂直对比为照片示意，并未采用仪器测量，没有准确的歪闪数据且有视觉误差，仅供读者参考。

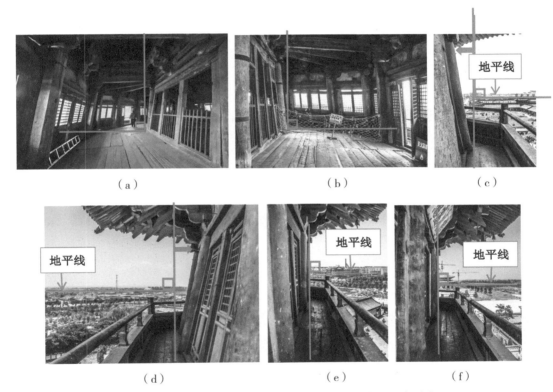

（a）　　　　　　　　　（b）　　　　　　　　　（c）

（d）　　　　　　　　　（e）　　　　　　　　　（f）

图 1-9　应县木塔室内、外各面歪闪现状与水平垂直对比

（a）　　　　　　　　　　　　　　（b）

图 1-10　井亭歪闪

（二）构件糟朽、开裂

构件糟朽、开裂的坏损如图 1-11～图 1-19 所示。

（a）　　　　　　　　　　（b）

图 1-11　柱根糟朽　　　　　　　　　　图 1-12　雷公柱糟朽

（a）　　　　　　　　　　（b）　　　　　　　　（a）　　　　　（b）

图 1-13　梁糟朽　　　　　　　　　　图 1-14　椽、望糟朽

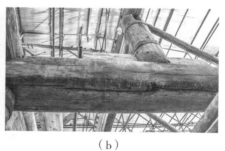

（a）　　　　（b）　　　　　　　（a）　　　　　　　　（b）

图 1-15　柱子开裂　　　　　　图 1-16　梁开裂

图 1-17　檩开裂　　　　　图 1-18　枋、椽开裂　　　　图 1-19　椽劈裂

（三）构件弯垂、折断

构件弯垂、折断的坏损如图 1-20 ~ 图 1-23 所示。

（a）　　　　　　　　　　　　　　　（b）

图 1-20　梁弯垂

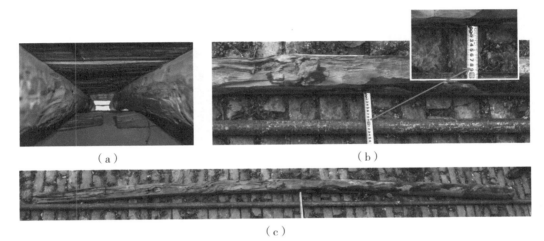

（a）　　　　　　　　　　　　　　　（b）

（c）

图 1-21　椽子弯垂

图 1-22　斗栱昂身折断　　　　　　图 1-23　托梁枋、板折断

（四）构件残缺

构件残缺的坏损如图 1-24 所示。

（a）　　　　　　　　　　　　　（b）　　　　　　　　　　　　　（c）

图 1-24

（d）

（e）

（f）

图1-24　失于维修，构件残损缺失

（五）构件拔榫

梁、檩拔榫如图1-25所示。

（a）

（b）

（c）

图1-25　梁、檩拔榫

注：图（b）（c）为二次维修过的构件。

（六）构件人为及其他损坏

构件人及其他损坏如图1-26～图1-28所示。

（a）

（b）

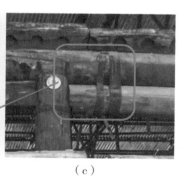
（c）

图1-26　人为锯断昂、栱、耍头

（a）

（b）

檩枋长度不够，仅做枋垫垫平托檩，无榫卯拉结

（c）

图1-27　制作时材料原因致建筑结构存在隐患

注：檩楸（枋）长度不够，榫卯对接后铁箍加固与檩吊接为一体，承重及拉结作用大为减弱。

（a）

（b）

（c）

图 1-28　火灾焚毁

第三节　大木构架修缮方法

一、临时抢险加固

当建筑物发生构架歪闪、构件断裂及局部坍塌等经勘察鉴定确认危险的情况时，应立即采取抢险加固措施，防止这种情况进一步加重而对建筑物造成更大的损伤，待详细维修方案确定后再进行维修施工。

（一）构架歪闪

当建筑物木构架发生歪闪时首先应在木构架歪闪的反方向支顶戗杆，优先考虑在室外支顶野戗，室内辅强支顶迎门戗、龙（摞）门戗，对于歪闪较严重的建筑物可在木构架歪闪的反方向牵拉钢丝绳以确保证大木结构的安全。

1. 工序

确定加固方案→场地平整清理→加固工具、用材准备→构件防护→支顶、牵拉安装。

2. 做法

（1）确定加固方案

应根据现场实际情况综合确定加固方案，需要考虑如下因素。

①现场应有足够大的场地设置支顶野戗及牵拉钢丝绳，如果没有，那就要退一步考虑在室内解决，但一定要检查确认室内构架是否相对牢固并具备支顶加固的条件。

②现场如果有相对牢固的地上建筑物、树木等，可以考虑适当利用。

③现场如果有随时可能倒塌并直接影响木构架安全的墙体及其他可移动物体，应拆除后再进行支顶作业。

（2）场地平整清理

首先将现场影响到支顶或牵拉部位的障碍物清除干净；确认地锚拟固定部位的坚固度能满足要求。

（3）加固工具、用材准备

①工具：斧、大锤、钉锤、锯、扳手、撬棍等，或可再准备千斤顶、吊链、电葫芦、人工绞磨、起重支架等工具，以备使用。

②材料：戗杆、支顶荦杆、拉杆（钢管）、地锚（钢钎）、木桩、垫板（枋）、抄手木楔、钢丝绳及配套螺栓、铅丝、大绳、麻绳、铁钉、铁扒锔等。

（4）构件防护

戗柱支顶部位及钢丝绳牵拉部位用棉毯类材料及木板（枋）垫衬，避免损伤原构件及构件上的油漆彩画。

（5）支顶、牵拉安装

①支顶戗柱、荦杆选用杉篙、松木均可，垫木（枋）宜选用红、白松，抄手楔宜选用落叶松；戗柱、荦杆直径不宜过细或过粗，长细比约为1/20；戗杆设置角度以45°～60°为宜，支顶于柱头，做法详见图1-29～图1-33。

②地锚根据土质情况采用钢（管）钎或木桩；楔入地面深度根据土质情况及建筑物体量定；如地面情况不宜设置地锚，可采用设置拉杆将戗杆与柱子拉结以达到固定戗杆的作用。做法详见图1-29。

③牵拉作业选用钢丝绳或大（麻）绳，用花篮螺栓、传统摽棍紧固。

④根据建筑物歪闪情况在开间柱、进深柱之间支顶辅强剪刀撑（龙门戗、迎门戗）。

⑤因只是建筑物的抢险临时加固，只要保证歪闪状况不继续加重即可，所以支顶的各戗杆及牵拉钢丝绳只需等劲安装，不需顶升归位。

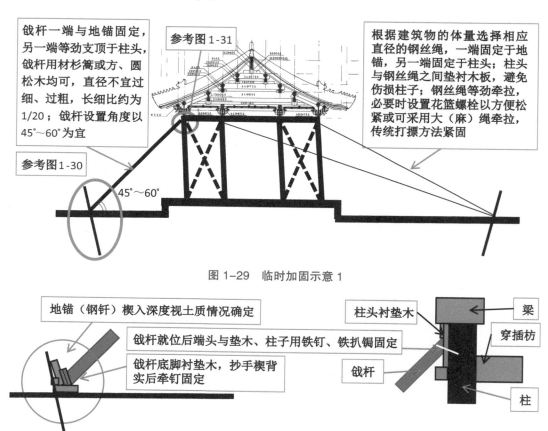

图1-29 临时加固示意1

图1-30 临时加固柱脚做法

图1-31 临时加固柱头做法1

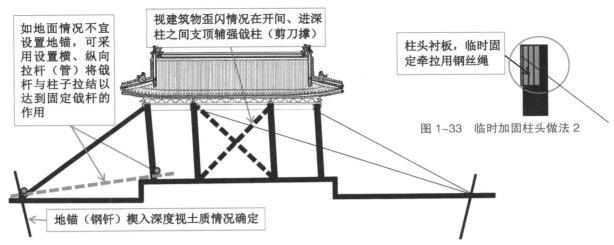

如地面情况不宜设置地锚，可采用设置横、纵向拉杆（管）将戗杆与柱子拉结以达到固定戗杆的作用

视建筑物歪闪情况在开间、进深柱之间支顶辅强戗柱（剪刀撑）

柱头衬板，临时固定牵拉用钢丝绳

图1-33　临时加固柱头做法2

地锚（钢钎）楔入深度视土质情况确定

图1-32　临时加固示意2

（二）构件断裂

当建筑物梁、枋、檩等构件发生横向断裂时，必须马上在断裂处进行支顶加固等措施，以避免给建筑主体造成更大的伤害。

1.工序

确定支顶加固方案→场地平整清理→加固工具、用材准备→构件防护→支顶安装。

2.做法

（1）确定支顶加固方案

根据现场实际情况综合确定加固方案，需要考虑如下因素。

①根据构件断裂部位及断裂程度确定支顶方法。

②现场支顶部位地面的强度是否足以满足承重要求，如果满足不了可采取铺垫木板分散集中荷载的办法。

③拆除影响支顶施工的障碍物，如遇有文物价值的不可移动物则应给予保留、保护。

④支顶牮柱视高度设置若干道横向拉杆，避免失稳。

（2）场地平整清理

清理支顶部位，确认支顶部位地面的强度能满足承重要求。

（3）加固工具、用材准备

①工具：斧、大锤、钉锤、锯、扳手、撬棍、千斤顶等。

②材料、设施：支顶牮柱、拉杆（木枋或钢管）、垫板（枋）、抄手木楔、钢丝绳、配套螺栓、铅丝、铁钉、铁扒锔及操作所用的移动架子等。

（4）构件防护

支顶部位用棉毯类材料及木板（枋）垫衬，避免损伤原构件及构件上的油漆彩画。

（5）支顶安装

①支顶牮柱选用杉篙、松木均可；拉杆选用松木枋或钢管；垫木（枋）宜选用红、白松，抄手楔宜选用落叶松；牮柱直径不宜过细或过粗，长细比约为1/20，做法详见图1-34、图1-35。

②支顶部位地面铺设垫木，梁（枋）底面垫木用铁钉牵牢。

③牮柱就位，抄手木楔等劲背实，并将柱头、柱脚、抄手木楔用铁扒锔、铁钉与垫木钉牢，防

止滑动。

④牮柱与建筑物构件之间设置横拉杆固定。

⑤因只是建筑物的抢险临时加固，只要保证梁、枋断裂部位状况不继续加重即可，所以支顶的牮柱等劲安装，不需顶升归位。

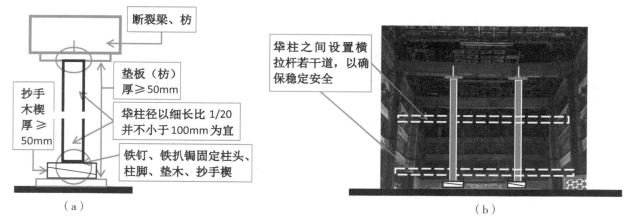

图1-34 梁、枋临时支顶加固示意

  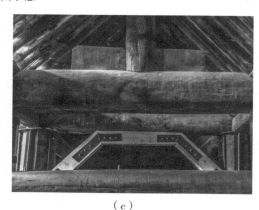

（a）　　　　　　（b）　　　　　　（c）

图1-35 梁、枋临时支顶加固参考案例

（三）梁枋拔榫

当构架因柱基下沉及外力影响造成歪闪时，柱、梁、枋、檩等构件也会出现拔榫的现象。当梁、枋、檩等构件的榫头只是轻微拔出时，可用铁扒锔、铁拉扯（图1-36）或扁铁将构件拉结在一起。当榫头拔出的长度超出自身长度的1/2以上时，则需要在榫头下方支顶牮柱或抱柱，同时还要加装上述铁件加以固定。

由于建筑物在临时抢险加固后要进行正式维修，所以可以考虑临时的抢险加固措施与正式维修措施适当合并在一起以避免重复施工，减少浪费。

图1-37是构件拔榫加固案例，图1-38是构件拔榫加固做法示意。

（四）柱根糟朽

柱根糟朽是文物建筑的通病，确认糟朽严重已经危及建筑本体安全时，应马上进行抢险加固，避免给建筑主体造成更大的伤害。

1. 工序

确定加固方案→场地平整清理→加固工具、用材准备→构件防护→支顶安装。

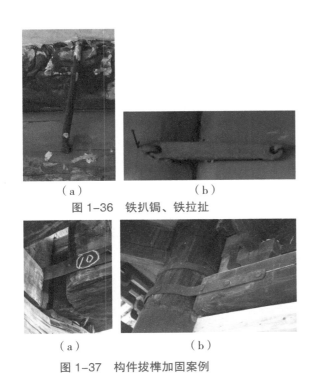

（a）　　　　　　　　（b）

图 1-36　铁扒锔、铁拉扯

（a）　　　　　　　　（b）

图 1-37　构件拔榫加固案例

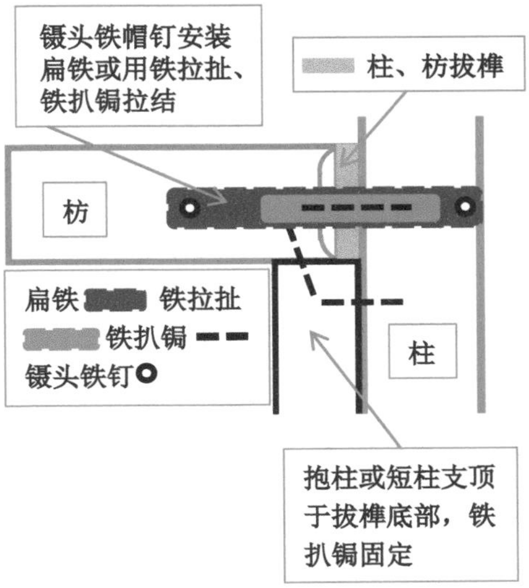

镶头铁帽钉安装
扁铁或用铁拉扯、
铁扒锔拉结

柱、枋拔榫

枋

扁铁　铁拉扯
　　　铁扒锔
镶头铁钉

柱

抱柱或短柱支顶
于拔榫底部，铁
扒锔固定

图 1-38　构件拔榫加固做法示意

2. 做法

（1）确定支顶加固方案

根据现场实际情况综合确定加固方案，需要考虑如下因素。

①根据入墙柱、露明柱的不同及柱子糟朽的深度、高度确定"抱柱"或"牮柱（辅柱）"的加固方法。

②现场支顶部位地面的强度是否足以满足承重要求，如果满足不了可采取铺垫木板分散集中荷载的办法。

③拆除影响支顶施工的障碍物，如遇有文物价值的不可移动物则应给予保留、保护。

④支顶牮柱视高度设置若干道横向拉杆，避免失稳。

（2）场地平整清理

清理支顶部位，确认支顶部位地面的强度能满足承重要求。

（3）加固工具、用材准备

①工具：斧、大锤、钉锤、锯、扳手、撬棍、千斤顶等。

②材料、设施：支顶牮杆、拉杆（木枋或钢管）、垫板（枋）、抄手木楔、钢丝绳、配套螺栓、铅丝、铁钉、铁扒锔及操作所用的移动架子等。

（4）构件防护

支顶部位用用棉毯类材料及木板（枋）垫衬，避免损伤原构件及构件上的彩画。

（5）支顶安装

①支顶牮柱选用杉篙、木枋均可；拉杆选用木枋或钢管；抱柱、垫木（枋）宜选用红、白松，抄手楔宜选用落叶松；牮柱直径不宜过细或过粗，长细比约为 1/20；抱柱宽不小于柱径 2/3，厚不小于柱径 1/3，做法详见图 1-39。

②支顶部位地面铺设垫木，梁（枋）底面垫木用铁钉牵牢。

③牮柱、抱柱就位，抄手木楔等劲背实，并将柱头、柱脚、抄手木楔用铁扒锔、铁钉与垫木钉牢，防止滑动。

④牮柱与建筑物构件之间设置横拉杆固定。

⑤因只是建筑物的抢险临时加固，只要能保证柱子的承重安全即可，所以支顶的牮柱、抱柱等劲安装，不需顶升归位。

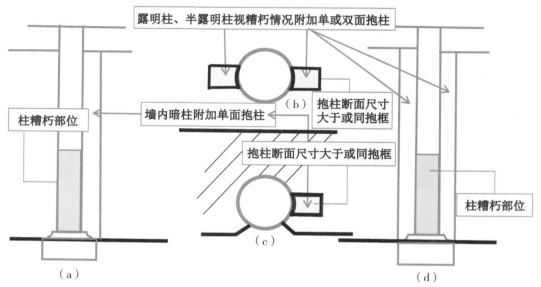

图1-39　糟朽柱单、双面抱柱加固做法示意

图1-40是牮柱、抱柱临时支顶加固参考案例。

图1-40　牮柱、抱柱临时支顶加固参考案例

（五）翼角下垂

建筑物翼角部分包含老、仔角梁和翼角椽、翘飞椽。由于这部分出檐外挑的尺寸及承托屋面的重量都大于正身，这部分椽子因后尾与角梁连接的方式造成其牢固度远不如正身椽子，再加上屋面戗（岔）脊易漏雨，导致角梁糟朽形成弯垂甚至折断。

当角梁发现断裂现象或弯垂度超过了梁长1/100（弯垂度应综合考虑梁身糟朽情况）情况下，我们采用在老角梁前端支顶加固的方法（详见图1-41～图1-43），其工序、做法等均同构件断裂的支顶加固方法。

（六）檐头折垂

建筑物檐头由檐椽、飞椽等构件组成，属悬挑构件，受材质、荷载及漏雨、安装等非正常因素影响造成弯垂甚至断裂，断裂部位通常出现在檐椽与檩的搭接部位。

图 1-41　角梁弯垂　　　　　图 1-42　角梁糟朽　图 1-43　角梁支顶加固位置示意

当有椽子出现断裂时必须马上在椽一或两侧进行附椽加固，避免造成椽子折断屋檐倾覆的情况。

当椽子出现弯垂的现象时应首先根据弯垂情况是个例还是较大面积普遍现象来区分椽子是自然弯曲还是荷载过重产生弯垂，如果是自然弯曲可以忽略不计，如果是因荷载过重而导致的弯垂且弯垂度已经超过自身长度 2% 的就被认定为危险构件，应马上根据危险的程度进行支顶加固，详见图 1-44 ～图 1-46。

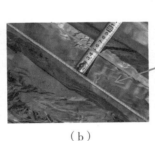

（a）　　　　　　　　　　（b）　　　　　　　　　　（c）

图 1-44　檐椽弯垂

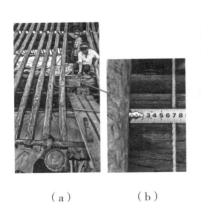
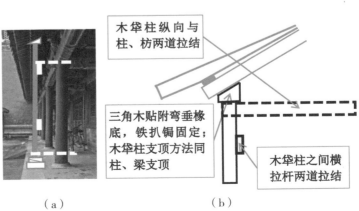

（a）　　　　　（b）　　　　　　　（a）　　　　　　　　　（b）

图 1-45　檐椽自然弯曲　　　　　图 1-46　檐头支顶示意

木伞柱纵向与柱、枋两道拉结

三角木贴附弯垂椽底，铁扒锔固定；木伞柱支顶方法同柱、梁支顶

木伞柱之间横拉杆两道拉结

（七）斗栱外倾

斗栱外倾出现的主要原因一是建筑物出檐部分的荷载过大，导致檐头折垂，斗栱外倾；二是柱子下沉；三是梁架檩木外滚；再就是斗栱内、外拽架的配置不合理或内侧未施压斗枋造成内外重量不平衡等。

通常情况下，斗栱外倾与檐头折垂或柱子下沉的现象会同时出现，在临时的支顶加固中可以一并进行，支顶的部位根据斗栱的残损和受力情况可以分别设在斗栱的翘头、昂底或桃尖（丁头栱）梁、老角梁底（详见图1-47、图1-48），戗柱与斗栱、地面的支顶做法同柱、梁的支顶做法。平身科、柱头科、角科斗栱支顶部位如图1-49所示。

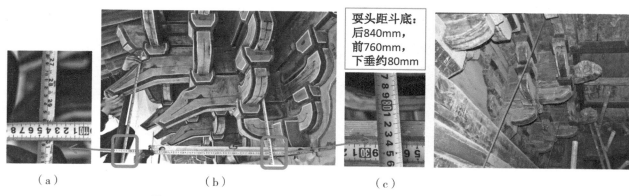

图1-47　斗栱外倾、下垂示意　　　　图1-48　减踩造斗栱内、外拽架示意

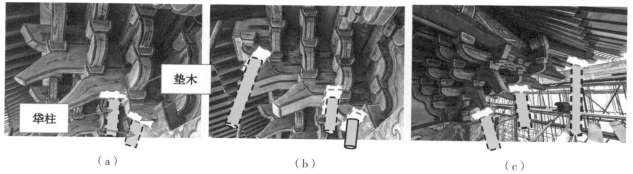

图1-49　平身科、柱头科、角科斗栱支顶部位示意

二、落架大修

落架大修是建筑物的大木构架发生了较大的歪闪情况，同时构件残损严重，通过其他手段无法进行修复，必须更换且数量较多时采取的维修方法。

（一）工序

支顶加固→做法考察、测绘→支搭承（起）重架子→构件编号→构件拆卸码放→构件整修补配→完善安装架子→大木重新组装→木基层安装→砌墙铺瓦。

（二）施工方法

①进入施工现场后马上采取在建筑物歪闪的反方向支顶野戗或牵拉钢丝绳等防护措施以防止在施工前或施工中发生倾倒和继续歪闪的安全事故（详见本节"一、临时抢险加固"）。

②对原建筑中不同部位、不同年代的做法特征进行详细的文字影像记录和测绘，并对具有典型

做法的原构件进行重点保护，为下一步的构件补配、修补保留出明确可信的做法依据。

③根据施工方案中不同的拆卸方法决定支搭机械、人工、人机结合吊装架子。

④按传统的位置号标注方法、标注位置在各构件上标写构件的名称、位置、朝向、顺序等标号；同时在构件上标写该构件的图纸设计做法，如更换、墩接或整修剔补等。

⑤按自上而下的顺序进行拆卸作业。无论是采用机械还是人工，必须配备相应数量的工人在拆卸构件前随时把构件榫卯部位的涨眼、卡口、五金加固件及榫卯缝隙中影响拆卸作业的杂物拆除清净后方可进行拆卸。

⑥必须保证在构件榫卯松动能顺利拆卸后再进行作业，同时要求配备相应的人员随时进行观察和指挥，出榫构件两端应同时起吊，吊起高度 20~30mm 后即停止，确认可以顺利拆卸后再继续作业，其他构件相对水平吊离移出，以避免发生安全事故；拆卸下来后的构件按标号顺序码放备安，整修或更换的构件单独码放以便施工作业。

⑦新更换构件按原构件的外形和细部做法复原制作，其他按操作规范进行施工作业。

⑧墩接、整修剔补的构件除外形按原做法外，其他按操作规范进行施工作业。

⑨对拆卸架子进行整改，以便于安装使用。

⑩按操作规范进行大木下架、上架安装。

⑪按操作规范进行木基层安装。

三、大木归安

大木归安是建筑物的大木构架只发生构件拔榫，无需更换且无较大歪闪的情况时采取的维修方法。这种方法不用拆除大木构件，只是将拔榫的构件归回原位并进行五金件加固，是一种较为简单的维修方法。

（一）工序

支顶加固→确定归安方案→工具、用材准备→简易架子支搭→防护→拆除→归安。

（二）施工方法

1. 支顶加固

首先在建筑物歪闪的反方向支顶戗杆或牵拉钢丝绳等防护措施以防止在归安前或归安中发生倾倒的安全事故（详见本节"一、临时抢险加固"）。

2. 确定归安方案

①根据不同位置构架的歪闪状况制订有针对性的归安方案，以在确保结构安全的前提下尽量减少对原木结构、木装修及墙体的拆改。

②根据现场实际情况确定是在室内或室外进行支顶或牵拉，其锚固部位的牢固程度必须满足安全要求。

3. 工具、用材准备

①工具。斧、大锤、钉锤、锯、扳手、撬棍、千斤顶、卷扬机等。

②材料。支顶戗杆、拉杆（木枋或钢管）、垫板（枋）、抄手木楔、卡口涨眼料、钢丝绳及配套螺栓、铅丝、铁钉、铁扒锔等。

4. 简易架子支搭

支搭简易架子以便于拆除柱门墙体及安装、支顶戗杆所用。

5. 防护

①支顶或牵拉方向支顶保护等戗杆，施工时设专人随时跟进、垫实等戗杆底脚，防止发生意外。

②对施工中有可能伤及的不可移动物体进行遮挡保护；对构件的支顶、牵拉部位用棉毯类材料及木板（枋）垫衬，避免损伤原构件及构件上的彩画。

6. 拆除

①归安前需将建筑物木基层拆除。

②将妨碍归安的柱门墙体、木装修拆除。

③摘除梁、枋、檩、柱榫卯间的卡口、涨眼以及清除榫肩之间的杂物。

④构件之间的加固铁件打开或临时摘除。

7. 归安

①支顶。戗杆支顶于柱、枋、梁榫接部位，底部卧入地面或有牢固的挡脚装置；体量不大歪闪不严重的构架，戗杆支顶后可采用撬棍人工撬动或背楔的方法进行归位；体量大歪闪较严重的构架在戗杆底部设置千斤顶并稳妥固定，同时戗杆本身也应相互拉结或与固定构件拉结。

②牵拉。根据建筑物的体量选择相应直径的钢丝绳，一端固定于地锚，另一端固定于柱头；柱头与钢丝绳之间垫衬木板，避免伤损柱子；钢丝绳之间设置花篮螺栓以方便松紧或可采用大（麻）绳牵拉，传统打摽方法紧固。

③多点同方向支顶或牵拉归位应同步进行，应循序渐进不求一次到位，每次支顶或牵拉的尺寸不得超过 20 ~ 30mm；戗杆底脚随顶随垫，同时设专人随时观察榫卯部位的归位情况，发现危险及时叫停，避免发生安全事故。

④构件归位吊正后榫卯马上打上卡口，背实涨眼，同时支搭龙（摽）门戗、迎门戗固定木构架。

⑤原有加固铁件原样安装，必要时可适当增加。

⑥原样封砌拆除的柱门墙体，待墙体的强度上来后方可拆除戗杆。

详见图 1–50 ~ 图 1–53。

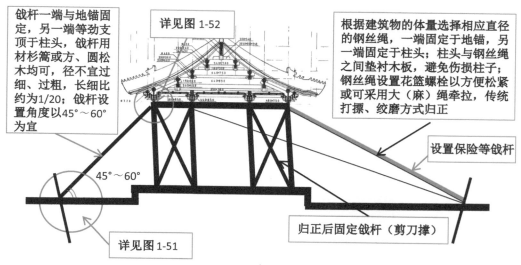

图 1–50　临时加固示意

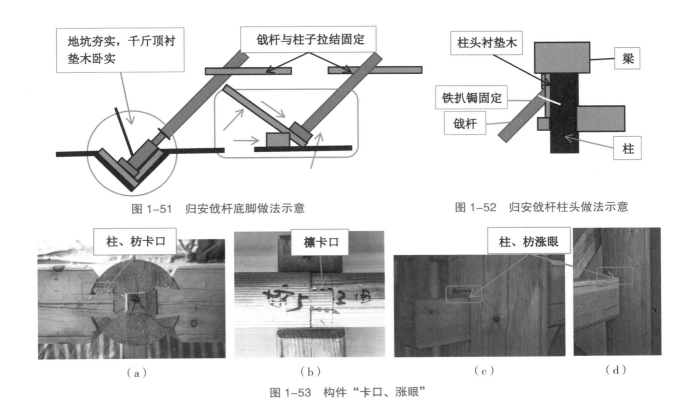

图 1-51　归安戗杆底脚做法示意　　　　图 1-52　归安戗杆柱头做法示意

（a）　　　　　　　　　（b）　　　　　　　　　（c）　　　　　　　　　（d）

图 1-53　构件"卡口、涨眼"

四、打牮拨正

当建筑物的大木构架发生较严重的歪闪、下沉情况但大木构件基本完好，所需更换的构件不多时，维修通常采取的方法是打牮拨正。

打牮拨正是利用牮杆将下沉的构件支顶抬平，使用戗杆、钢丝绳等将歪闪倾斜的构件拨正归直。因构件下沉、歪闪现象通常是同时连带发生的，所以这项工作统称为打牮拨正。

（一）工序

支顶加固→确定施工方案→场地平整清理→工具、用材准备→架子支搭→防护→拆除→支顶归正。

（二）做法

1. 支顶加固

首先在木构架歪闪的反方向支顶戗杆，优先考虑在室外支顶野戗，室内辅强支顶迎门戗、龙（摞）门戗，对于歪闪较严重的建筑物可在木构架歪闪的反方向牵拉钢丝绳或大绳以确保证大木结构的安全。

2. 确定施工方案

可综合参考本节"一、临时抢险加固"中"（四）柱根糟朽"及"三、大木归安确定"。

①根据不同位置构架的歪闪状况制订有针对性的支顶归正方案，以在确保结构安全的前提下尽量减少对原木结构、木装修及墙体的拆改。

②根据场地的实际情况确定是在室内或室外进行支顶或牵拉。

③自建筑物一端顺序进行作业。

3. 场地平整清理

①清理现场影响到支顶或牵拉部位的障碍物。

②保证地锚等拟固定部位的牢固度能满足要求。

③保证支顶部位地面的强度能满足要求。

4. 工具、用材准备

①工具：斧、大锤、钉锤、锯、扳手、撬棍、千斤顶、卷扬机等。

②材料：支顶戗杆、举杆、拉杆（木枋或钢管）、垫板（枋）、抄手木楔、卡口涨眼料、钢丝绳及配套螺栓、铅丝、铁钉、铁扒锔等。

支顶戗杆、举杆选用杉篙、松木均可，垫木（枋）宜选用红、白松，抄手楔宜选用落叶松；戗杆、举杆直径不宜过细或过粗，长细比不小于 1/20。

5. 架子支搭

支搭架子以便于拆除柱门墙体及安装、支顶戗杆所用。

6. 防护

①支顶或牵拉方向支顶保护等戗杆，施工时设专人随时跟进、垫实等戗杆底脚，防止发生意外。

②对施工中有可能伤及的不可移动物体进行遮挡保护；对构件的支顶、牵拉部位用棉毯类材料及木板（枋）垫衬，避免损伤原构件及构件上的彩画。

7. 拆除

①归安前需将建筑物木基层拆除。

②将妨碍归安的柱门墙体、木装修拆除。

③摘除梁、枋、檩、柱榫卯间的卡口、涨眼以及清除榫肩之间的杂物。

④构件之间的加固铁件打开或临时摘除。

8. 支顶归正

（1）打举

在下沉柱斗栱翘头及附近梁底支好等、立举杆，卧杆、垫木、木楔等，等、立举杆根据建筑物的体量选用直径为 150～300mm 的举杆，长细比不小于 1/20；卧举杆的断面通常大于立举杆，垫木选用木板或木枋。体量大的建筑物顶升采用千斤顶、吊链等手、电动机械支顶的方法，体量不大的可采用人工卧举支顶的方法；立举杆、等举杆随顶升随用木楔、垫板背实，同时，在顶升操作时设专人随时观察构架、构件榫卯、墙体等变化情况，避免损伤榫卯及发生其他意外；顶升操作应循序渐进，如建筑物下沉严重，可以分几次进行，随时用丈杆控制顶升高度，每次不超过 30mm，然后检查构件榫卯、墙体等，确认没有危险时再进行下次操作。顶升到位后，加固等举杆垫木、木楔、斜撑及水平拉杆等，确认安全后拆除立举杆；待柱基或柱子本身处理就位后拆除等举杆（详见图 1-54～图 1-56）。

（2）拨正

在柱子上弹上中线、升线，以控制拨正的尺度；向构架歪闪的反方向支顶戗杆，用撬棍、绞磨、千斤顶、吊链等手、电动机械逐步将歪闪的构架支顶归位，同样，拨正的工序每次拨正的尺寸不得过大，以免在施工中发生危险。打举拨正完成后，必须稳固好戗杆并在榫卯处打上卡口、堵塞涨眼，固定铁活，墩接柱子、处理柱基，然后砌槛墙、山墙，钉椽望，苫背铺瓦，待以上工序全部完工后再将戗杆撤去［参见本节三、（二）7，以及图 1–50 ~ 图 1–53 ］。

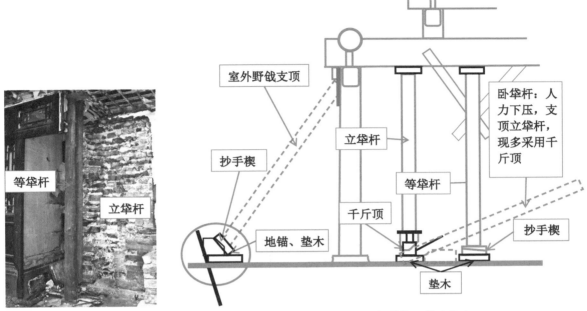

图 1–54　打牮拨正实例

图 1–55　打牮拨正做法示意

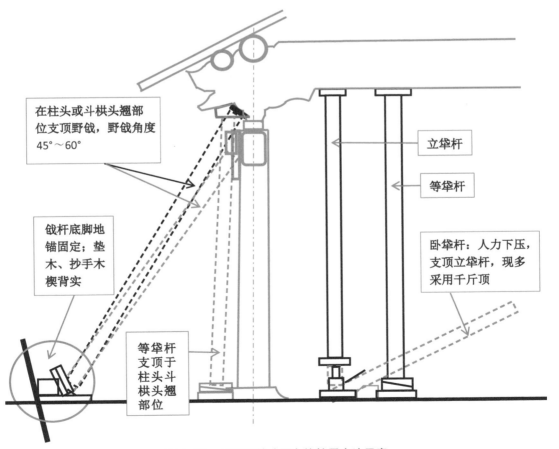

图 1–56　拆柱顶抽（更）换柱子方法示意

9. 某井亭归正整修实例

该井亭一是在此次维修前向东北方向歪闪约40mm（图1-57），根据现状看，如若不是柱间安装的整体小青石槛墙、墙帽（图1-58）的辅助支撑，估计歪闪的情况还要严重；二是该井亭除去歪闪外，西南角原墩接柱子的墩接面高（长）度不够，给井亭结构的安全带来隐患，而且另外三根柱子虽然从外观上看，柱根糟朽尚不严重，但柱顶石内部的柱根榫头木质是否完好无法判定，一旦糟朽，结构隐患会更为严重；三是井亭的小青石槛墙较为珍贵，如果此次不对井亭结构进行归正整修会给此小青石槛墙带来进一步的损坏；再就是井亭屋面琉璃瓦坏损丢失，也需要进行揭宽整修……根据以上诸多因素的考虑，设计部门综合施工单位的参考建议出具了瓦面拆除、木构架整体吊离，根据木柱的实际情况进行整修，最后归正、归位的修缮方案（设计单位：故宫古建部，设计人：赵鹏、卓媛媛，参与定案人：故宫工程管理处王丹毅，施工：北京同兴古建筑工程有限责任公司第三分公司）。

（a）东立面——向北歪闪　　　（b）北立面——向东歪闪　　　（c）西南立面——向东北歪闪

图1-57　归安整修前的井亭

图1-58　小青石整体槛墙、槛墙帽

根据设计方案，首先对井亭进行支顶防护，然后支搭施工吊装架子，屋面琉璃瓦件编号清点后逐一拆除，并有序码放，同时统计坏损缺失的瓦件进行加工补配；瓦面拆除后，由于木结构、木基层大部基本完好，只需对角梁进行简单的糟朽剔补，对连檐、瓦口、望板进行补配即可，所以在现场安装了一个2t手动吊链，对井亭构架进行整体吊离。当木构架吊离露出木柱柱脚榫后随即进行了支顶加固，以便于对木柱进行整修；吊离出柱顶石的木柱柱根（直径240mm）榫头是在垂花门及游廊建筑中多见的套顶榫（长度约350mm，直径约160mm），虽然在榫头下铺了一层灰土及瓦片，但地下的潮气使榫头部分糟朽严重，如果不是这次打开维修，该井亭的寿命要大大减少。

井亭构架吊离地面后，经设计方确定：井亭原墩接的柱子按规范尺寸重新墩接，其余的三根柱子均进行墩接并对套顶榫做防腐处理；木构架清除榫卯处杂物，回归原位；木基层椽望补配；同时，特别强调了在木构架整修归安中一定要保护好小青石整体槛墙。具体流程见图1-59～图1-67。

施工严格按设计方案操作执行完成。

（a）

（b）

图1-59　木构架整体起吊

原墩接柱墩接面长度过短，仅为1柱径，与现规定不符

≤1柱径

（a）　　　　　　　　（b）

图1-60　原柱脚套顶榫　　　图1-61　套顶石　　　图1-62　原墩接柱墩接面

≥ 1.5 柱径

（a）

（b）　　　　　　　（c）

图1-63　新做墩接柱墩接面　　　　　　图1-64　墩接柱示意

（a）

（b）

图 1-65　井亭木构架

图 1-66　井亭木基层整修前后

（a）

（b）

（c）

图 1-67　井亭归正整修土建竣工

五、构件更换

当构件残损严重，经修补加固也不足以保证构架的整体安全时应该对残损构件进行更换。更换方式有两种：一种是屋面挑顶大修，构件在大木不落架的情况下进行更换；另一种就是木构架整体完好，屋面也不需要挑顶，只是个别构件残损时对这个构件进行更换而并不影响到其他构件及整体构架，从字面上准确地说这种做法应称为抽换，这种抽换也被古人冠以"偷梁换柱"的形象名称传续至今。

（一）挑顶不落架更换

更换残损构件首先需要将相邻连接构件拆除或采取顶升等措施能够使构件榫卯分离、构件摘除后方能对该构件进行拆除、更换。

1. 柱类

（1）工序

场地清理→工具、用材准备→架子支搭→构件测绘、编号→防护→支顶加固→拆除→新构件制作→安装→架子拆除。

（2）做法

①场地清理。现场应有足够的场地满足施工要求。

②工具、用材准备

a.工具：斧、大锤、钉锤、锯、扳手、撬棍、千斤顶、吊链、滑轮、卷扬机等。更换柱子工（用）具如图1-68所示。

b.材料：支顶戗杆、拉杆（木枋或钢管）、垫板（枋）、抄手楔、卡口涨眼料、铁钉、铁扒锔等；构件的更换用材选用风干的同种木材，如原用材为珍稀或较珍稀材种如楠木等不易获取，可选类似相近材性的木种替代，但一定要经文物部门认可。

c.架子支搭。支搭架子以便于构件拆除及安装所用。

d.构件测绘、编号。对残损构件特别是不能完整拆卸下来的根据要求仔细进行测量，绘制详图并留有影像资料，特别是构件的年代特征和榫卯等细节做法，保证更换构件原做法；在构件上打号，标明位置、方向，供制作新构件时参考。

e.防护。对有年代特征和特殊做法的残损构件在拆除时要进行妥善保护，一是留作复原制作时的借鉴参考，再就是满足文物考证的需要。

ⅰ.木枋托底进行拆卸吊装。

ⅱ.钢丝绳、大绳捆绑部位缠裹棉毯等，防止对残损构件造成进一步的损伤。

ⅲ.对残损及相连构件的榫卯要根据实际情况采取不同的措施加以特别保护，避免伤及榫卯。

f.支顶加固。对于与残损构件相邻的构件要进行支顶加固，避免在拆卸残损构件时连带相邻构件滑脱造成安全事故和经济损失。

g.拆除

ⅰ.将残损柱子四周的抱柱、抱框拆除，砖墙柱门每边掏开200mm左右，以便于柱子拆卸。

ⅱ.摘除残损构件上的五金连接件和榫卯处的卡口等。

ⅲ.千斤顶、立戗杆渐进顶起梁、枋（每次顶起的高度不得过大），等戗杆根据顶起高度随时背抄手楔及垫木，以保安全；带榫卯构件应同步渐进撬动构件两端头榫卯，轻抬轻放，防止损伤。梁架支顶、柱门拆除如图1-69所示，残损柱拆除如图1-70所示。

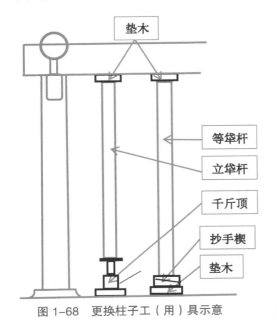

图1-68　更换柱子工（用）具示意

图1-69　梁架支顶、柱门拆除

图1-70　残损柱拆除

h. 新构件制作

ⅰ. 根据残损构件同时参考其他完好构件确定新构件的尺寸。

ⅱ. 严格按残损构件的外形特征、年代做法加工复原。

ⅲ. 按操作工序进行砍、刨、锯、凿及榫卯、外形的加工。

i. 安装

ⅰ. 按先下后上的顺序进行大木安装，安装中注意不得伤及相邻构件的榫卯。

ⅱ. 安装完成后，吊直拨正，支戗，背实"卡口""涨眼"。

j. 架子拆除。木基层完工后拆除架子。

挑顶更换柱子过程如图 1-71 所示。

（a）锛砍

（b）划线 1

（c）划线 2

（d）剔凿卯口

（e）涂刷防腐、防虫剂

（f）搬运

（g）入位

（h）完成，拆除支顶

图 1-71　挑顶更换柱子过程示意

2. 梁、枋类

梁、枋构件更换的工序、支顶做法等与柱子更换的工序、支顶做法等大同小异，此处不再赘述，仅列举更换实例供读者参考。

屋面挑顶、不落架更换构件实例如图 1-72~图 1-75 所示。

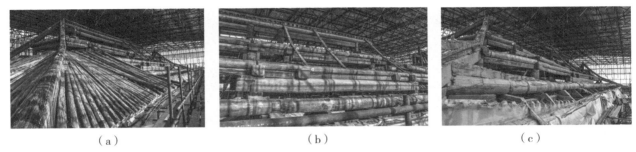

（a）　　　　　　　　　　（b）　　　　　　　　　　（c）

图 1-72　某建筑屋面挑顶、大木不落架调平整修、构件更换添配

（a）　　　　　　　　　　　　　（b）　　　　　　（c）

（d）　　　　　　　　　　　　　（e）　　　　　　（f）

图 1-73　调平整修前局部拆除扶脊木、脊檩、脊枋（檩楸）

图 1-74　安装后局部整修　　　　　图 1-75　构件调平、更换、嵌补裂缝

角梁更换实例如图 1-76 ~ 图 1-82 所示。

（a）　　　　　　　　　　　（b）

（c）　　　　　　　　　（d）　　　　　　　　（e）

图 1-76　糟朽、弯折需更换的角梁

（a）　　　　　　　　（b）　　　　　　　图 1-78　"偷梁"：相邻构件支顶，拆除
图 1-77　新换角梁吊装　　　　　　　　　　　　　角梁并预留安装位置

（a）　　　　　　　　　　　　　　　（b）

图 1-79　角梁现场制作、试装

图 1-80　角梁更换完成

图 1-81　砍圆棱

图 1-82　钉角梁钉

（二）抽换

当建筑物整体构架完好屋面也不需要挑顶只是柱子需要更换时，通常采用的方法是仅对柱子进行抽换，不动其他梁、枋等构件，这种做法被古人称为"偷梁换柱"并传续至今。

其实，单从"换柱"角度说"偷梁换柱"远不如"托梁换柱"描述得准确，它就是把柱子承托连接的梁、枋构件托起、架空，在不扰动整体结构的情况下对糟朽坏损的柱子进行抽换。

通常情况下抽换的方法有两种。

1. 第一种：拆除柱顶石抽换柱子

（1）工序

场地清理→工具、用材准备→支戗加固→架子支搭→构件测量、编号→防护→支顶→拆除→新构件制作→安装→架子拆除。

（2）做法

上述工序中除拆除、安装工序外，其他工序的做法参见前文中各对应工序做法，本处仅就拆除、安装工序的做法做出说明。

①拆除

a. 柱子测高编号后用戗杆、垫木、抄手楔将梁、枋等构件支顶牢固。

b. 将残损柱子四周的抱柱、抱框等构件拆除，砖墙柱门每边掏开 200mm 左右，以便于柱子拆卸。

c. 拆除地面、柱础磉墩，移出柱顶石。

d.下落残损柱，移出；注意轻拆慢落，不要伤及枋子榫卯。

②安装

a.恢复柱础磉墩，新柱入位后安装柱顶石。

b.核实柱高，垫铁背实柱根。

c.拆除牮杆。

图1-83是拆除柱顶石抽换柱子方法示意。

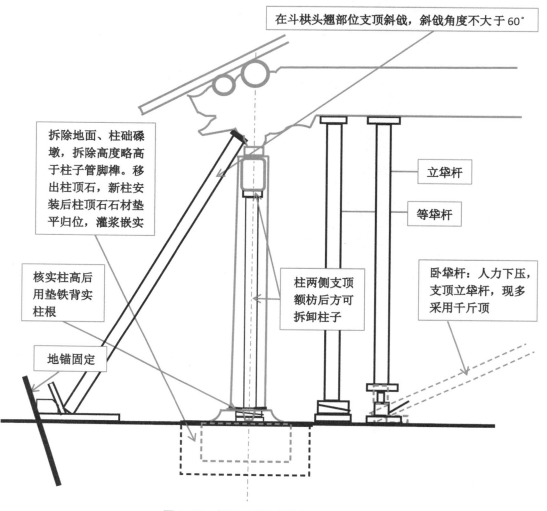

图1-83　拆除柱顶石抽换柱子方法示意

2.第二种：柱顶石不动抽换柱子

（1）工序

场地清理→工具、用材准备→支戗加固→架子支搭→构件测量、编号→防护→支顶→拆除→新构件制作→安装→架子拆除。

（2）做法

上述工序中除拆除、安装工序外，其他工序的做法参见前面各对应工序做法，本书仅就拆除、安装工序的做法做出说明。

①拆除

a. 柱子测高编号后用牮杆、垫木、抄手楔将梁、枋等构件支顶牢固。

b. 将残损柱子四周的抱柱、抱框等构件拆除，柱外侧砖墙拆除（根据拆除方向确定），拆除宽度以便于柱子的拆卸、安装为准。

c. 根据柱头枋、梁榫卯的高度及松紧情况锯除部分残损柱根，残损柱的锯除面为斜面马蹄形，其短角面向室内，长角面向外（墙身方向、残损柱拆除、安装方向），锯除面的斜度以能向外拆卸残损柱为准（也是新柱向内安装的依据），也可根据木构件的实际情况做出调整。拆除残损柱。

②安装

a. 新柱按所述方法锯出马蹄形斜面，并按对应尺寸做出柱脚垫木，垫木宜使用密度高的硬木，减少劈裂，在安装中可根据实际情况适当调整管脚榫的高度。

b. 自外向内（可根据木构件的实际情况调整）安装新柱（如安装困难，可将入榫卯口适当加宽，安装入位后用木枋补严）、柱根垫木，安装铁箍，铁箍宽度要宽于柱脚马蹄形斜面30～50mm。

c. 拆除牮杆。

图1-84是不拆除柱顶石抽换柱子方法示意。

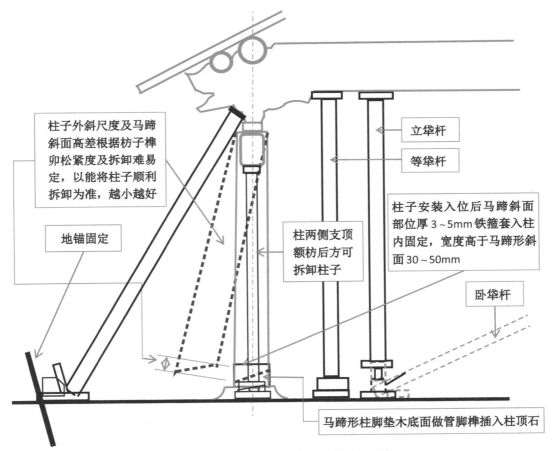

图1-84　不拆除柱顶石抽换柱子方法示意

3. 注意事项

在柱子抽换作业中有以下几点需要特别注意。

①在柱子抽换前，对檐出较大特别是带斗栱的建筑既要在室内进行支顶也要在室外进行支顶，以防止在抽换过程中发生结构歪闪。

②在柱子支顶过程中，每次顶起的高度控制在 20mm 左右，不能过大，且在支顶过程中随时观察与柱子相接的梁、枋等构件榫卯处变化的情况，不得伤及这些构件的榫卯并要求在顶起立牮杆的同时随时背紧等牮杆下的抄手楔，防止发生意外。

③在柱子拆卸和安装过程中，特别要注意与柱子相连的梁、枋等构件的榫卯部位，事先将该部位所有妨碍拆卸的铁件、卡口等摘除。如遇多方向构件与柱子相接不易拆卸时，可将柱子上的卯口适当扩宽，待安装入位后再用木枋补严，一定不要伤及构件的榫头。

④在拆卸柱顶石抽（更）换柱子时，归安后的柱顶石与新换柱一定要附实，如有不实的地方采用垫铁背实。

古人的"偷梁换柱"除去以上"换柱"的指向外，还有一个"偷梁"的功能指向，它也是在建筑物整体构架完好屋面也不需要挑顶情况下，仅对残损的梁、枋进行抽换而不动柱子等其他构件的一种常见的修缮做法。在图 1-77（a）中，按正常工序应该自下而上先安角梁再安由戗，但由于只更换了角梁而由戗保留，为避免拆除由戗伤及由戗榫卯，也为了减少用工，所以就将由戗原位架空，待新换角梁入位安装后再行归位，这是一种省工实用的好方法。

4. 其他抽换——偷梁（枋）的方法

图 1-85 中，随梁（穿插枋）糟朽坏损，需要更换，可采取以下做法。

（a）   （b）

图 1-85　构件支顶

①支顶（等劲支顶）架空上方八架桃尖接尾梁。

②支顶方法及柱、枋、抄手楔等均参考前面所述方法，本处略。

③拆卸随梁（穿插枋）

a. 拆卸随梁（穿插枋）方法 1（坏损构件不保留）

ⅰ. 榫肩与油饰地仗剥离，松动榫卯；

ⅱ. 截断不予保留的随梁（穿插枋），分段拆除。

b. 方法 2（坏损构件保留，整修后原位安装）

ⅰ. 榫肩与油饰地仗剥离，松动榫卯。

ⅱ. 图 1-86 直榫连接方式中，B 柱自榫肩处将随梁（穿插枋）大进小出榫锯断；A 柱随梁（穿插枋）卯口适当逐渐下扩，以能抽出榫头为准，尽量少扩，随梁（穿插枋）摘除。

注：这种做法是在榫头已有残损需要局部剔补更换或必须拆卸才能进行整修加固，再就是构件材质珍稀、文物价值高，必须保留本体这种不得已的情况下才可以斟酌使用。此做法较为极端，本书谨就做法做出说明。

ⅲ.图1-87 燕尾榫连接方式中，一端A柱或B柱燕尾卯口向下按枋高、榫端头尺寸剔扩通直卯口，随梁（穿插枋）榫下落；另一端卯口逐渐剔凿外扩，尽量减小扩损部位，两端配合将随梁（穿插枋）摘除。

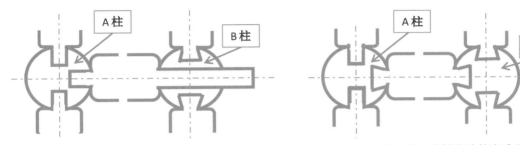

图1-86　柱、枋各式榫卯连接方式示意1　　　　图1-87　柱、枋各式榫卯连接方式示意2

④随梁（穿插枋）安装方法

a.直榫连接安装（图1-86）。安装前断榫一端按榫头补配方法做好补配假榫、螺栓并经试装后拆卸待装；大进小出假榫入位，随梁（穿插枋）直榫一端入位；假榫卯口一端与假榫嵌合，螺栓固定；两端榫肩、卯口外扩部分补齐，安装完成。

建议：此种方法由于榫卯强度受些影响，最好在两端头榫卯下方加装替木墩作为辅强之用（详见弯垂梁加固维修做法）。

b.燕尾榫连接安装方法（图1-87）。选择适当的角度两端榫头入位，必要时，可将剔扩的通直卯口适当增扩；随梁上提入位后将剔扩的通直卯口用同材质木料补严，安装完成。

相对于"换柱"，"偷梁"的概率要小一些。因为梁、枋所处位置空气流通不易糟朽，而且由于到了梁、枋需要更换时，屋面、木基层和木构架通常也会出现各类问题需要整修，索性就挑顶整修一起更换了。再就是"偷梁换柱"的方法较为复杂，既要支顶到位保证屋面不能有扰动，还要尽可能地减少伤损保留原构件，更要保证构件的承载强度，所以在决定"偷梁换柱"前一定要考虑到各种因素，权衡利弊，慎重采用。

六、构件的整修加固

在传统清官式木构建筑中，柱、梁、枋、檩、板、椽构建出了整个房屋的骨架，作为支撑这个骨架的柱子，屋面的所有重量都要通过它来传递到基础，而且还要抵御外力，所以，柱子在整个结构中是非常重要的，同时，由于柱子直接与地面、墙体相接，地面、墙体的潮气直接侵入柱体，加上自然灾害、虫害和人为等因素的损害就决定了柱子的坏损概率要大于其他木构件。不过所幸的是柱子是竖向受压构件，相比梁、枋、檩等横向受弯构件有着先天的强度优势，加上权衡中规定的断面尺寸又大于它实际受力所需要的尺寸，所以柱子虽然坏损的概率要大于其他构件，但这些坏损的部位多能通过维修而继续使用，对建筑整体结构的影响不是非常大。

（一）柱

1. 柱子的分类

与维修方法有关的柱子分为露明柱、半露明柱、墙内暗柱，详见图 1-88。

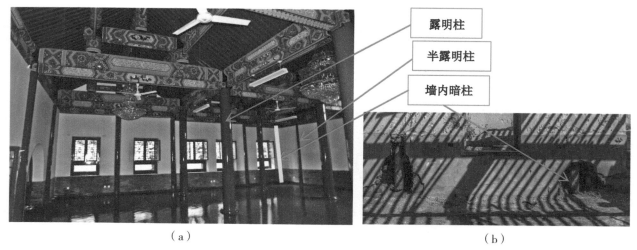

（a）   （b）

图 1-88　柱子维修的分类名称

①露明柱：四周无任何依附墙体的独立柱子，如有廊建筑的檐柱、无廊建筑的金柱及里围金柱及钻金柱（通天柱）等。

②半露明柱：一部分裹砌在山墙、檐墙、槛墙内，另一部分暴露在墙体之外的柱子，如无廊建筑的檐柱、山柱、有廊建筑的金柱等。

③墙内暗柱：柱身整个裹砌在墙体内外面看不到的柱子，如角檐柱等。

2. 柱根墩接

柱根墩接是针对柱子的一个维修项目。在传统木结构建筑中，地下的潮气通过灰土、磉墩、柱顶直接侵入木柱内部，由于木柱内部不易做防潮处理，而木材断面的吸水率又极高；再由于露明柱表面都做出了地仗油漆，使潮气聚集在木柱内部无法散出，而不做油漆处理的墙内柱周围都是潮湿的墙体，潮气不断向柱内侵蚀，久而久之，就造成了木柱特别是柱根部分的糟朽，详见图 1-89、图 1-90。

在传统木结构中，柱子是竖向受压构件，相比梁、枋、檩等横向受弯构件有着先天的强度优势，所以，在糟朽的情况下通常采用墩接与包镶的做法就可以使相当数量的柱子继续使用，带病延年，这样既能最大量地保留住文物建筑中有价值的实物载体，又因避免更换而减少了一定的经济损失，不失为是一种经济实惠的维修做法。

（1）参考指标

在相关规范中对于柱子的墩接和包镶有明确的定义："柱子糟朽柱心木质完好，糟朽深度不超过柱径的 1/5 时，应采取'剔补包镶'的方法；柱子糟朽深度超过柱径的 1/5 但糟朽高度入墙柱小于柱高 1/3，露明柱小于柱高 1/5 时，可采取'墩接柱根'的方法"。

注：祁英涛先生在《中国古代建筑的保护和维修》中对严重糟朽的露明柱、不露明柱统一定为糟朽高度不超过柱高的 1/4 时，可做墩接处理。

（2）工序

支顶加固→确定施工方案→场地平整清理→工具、用材准备→架子支搭→防护→拆除→墩接作业。

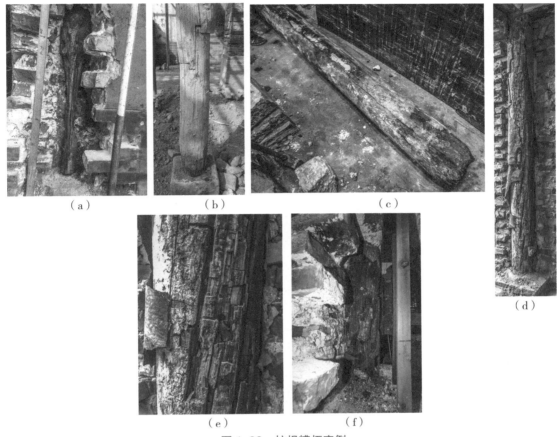

（a）　　　　　　（b）　　　　　　（c）

（d）

（e）　　　　　　（f）

图1-89　柱根糟朽实例

（3）做法

①支顶加固。对于歪闪建筑柱子的墩接通常是与大木归安中"打牮拨正"项目同步进行，其支顶加固做法参照该项目做法。

②确定施工方案

a. 根据不同位置柱子糟朽情况制订对应的"更换、墩接、剔补包镶"不同方案。

b. 根据墩接各柱的位置及糟朽情况确定墩接作业的施工顺序，以确保建筑物的安全。

③场地平整清理。保证支顶部位地面的强度能满足要求。

④工具、用材准备

a. 工具：斧、大锤、钉锤、锯、扳手、撬棍、千斤顶等。

b. 材料：支顶牮杆、拉杆（木枋或钢管）、垫板（枋）、抄手木楔、卡口涨眼料、铁钉、铁扒锔等。

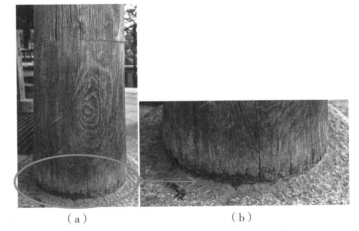

（a）　　　　　　　　　　（b）

图1-90　日本京都清水寺的柱子——柱根糟朽

支顶牮杆选用杉篙、松木均可，垫木（枋）宜选用红、白松，抄手楔宜选用落叶松；牮杆直径不宜过细或过粗，长细比不小于 1/20。

⑤架子支搭。支搭简易架子以便于拆除柱门墙体及支顶牮杆所用。

⑥防护

a. 牮杆、千斤顶稳固安装并设专人随时背楔垫实等牮杆底脚，防止发生意外。

b. 对施工中有可能伤及的不可移动物体进行遮挡保护；对构件的支顶部位用棉毯类材料及木板（枋）垫衬，避免损伤原构件及构件上的彩画。

⑦拆除

a. 拆除妨碍墩接的柱门墙体、木装修。

b. 摘除或打开妨碍墩接的加固铁件。

⑧墩接作业。柱子的墩接方法有多种，同材质的墩接通常采用的是"巴掌榫""抄手榫"和"螳螂头榫"等做法，而不同材质的墩接则根据材质的不同而选择不同的墩接方法。

a. 巴掌榫做法，详见图 1-91、图 1-92。

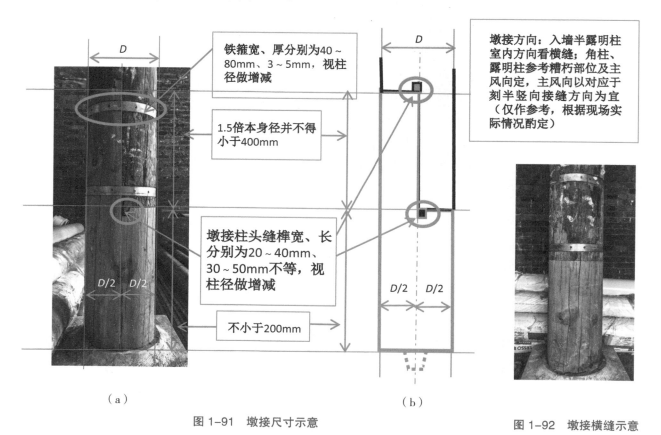

（a）

图 1-91　墩接尺寸示意

（b）

图 1-92　墩接横缝示意

ⅰ. 探查柱子，按糟朽深度、高度确定墩接部位。

ⅱ. 墩接前必须先将柱子进行支顶，避免在墩接操作中发生意外；顶起高度不宜过大，柱子虚离地面即可（有管脚榫的柱子可适当顶高一些，以不影响木结构及墙体为准）。

ⅲ. 对柱子周边影响操作的墙体、抱柱、抱框进行拆除。

ⅳ. 按"室内见横缝"的要求分段锯除柱子糟朽部分，接做出刻半、头缝榫卯口、头缝榫头。

ⅴ. 按墩接尺寸制作更换柱料。

· 原柱与更换柱刻半搭接的长度为 1.5 倍柱本身直径并不得小于 400mm。

· 更换柱最短长度不小于本身直径。

· 做出刻半巴掌榫及头缝榫（原建筑无管脚榫的按原做法）。

ⅵ. 涂刷防火、防腐、防虫涂料。

ⅶ. 原柱与更换柱对接入位。

ⅷ. 剔凿箍槽，安装铁箍。

ⅸ. 拆撤支顶。

墩接工序及做法如图 1-93 ~ 图 1-99 所示。

图 1-93　拆除柱门

图 1-94　支顶加固

图 1-95　墩接部位划线

（a）

（b）

图 1-96　制作刻半巴掌榫卯、头缝榫卯

图 1-97　墩接入位

图 1-98　打箍

图 1-99　涂刷防腐剂

b.抄手榫墩接。这种做法的优点是用于露明柱时不易错位移动，但由于安装方法是两柱对接，所以只能用于原柱拆卸及柱顶拆卸后的墩接维修，有一定的局限性。

具体做法如下。原柱与更换柱断面上画十字线，分为四瓣，各剔去对角的两瓣，上下对角相插，相插的长度亦为柱径的1.5倍（不得少于400mm）。搭接部位打铁箍两道，铁箍与柱子卧平，详见图1-100、图1-101。

注：除上述做法外，其余做法与巴掌榫做法同，本处略。

c.螳螂头榫墩接。这种方法较为少见，具体做法是：更换柱的上端做螳螂头式通长榫头，榫身厚度为1/4～3/10柱径，长为柱径的1.5倍（不得少于400mm），详见图1-102。

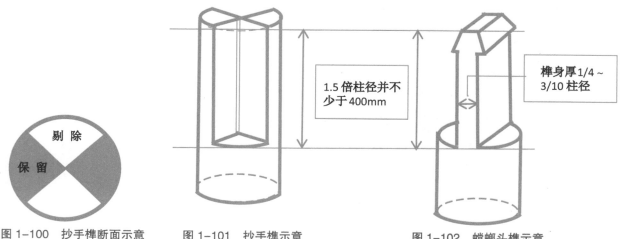

图1-100 抄手榫断面示意　　　图1-101 抄手榫示意　　　图1-102 螳螂头榫示意

注：除上述做法外，其余做法与巴掌榫做法同，本处略。

d.其他材质的墩接。墩接柱子除了用同材质木材以外，还有用非同材质如石材、混凝土等墩接的做法，这种做法适用于糟朽高度在200mm以内的柱子，尤其是埋砌在墙体中不露明的柱子。这个高度的木质更换柱易劈裂，而且由于墙体潮湿极易糟朽，用石材或混凝土代替木材做更换柱更为延年，再由于是埋砌在墙体内不用考虑外观效果，所以是一种比较可行的方法。

需要说明的是，用石材或混凝土代替木材进行柱根墩接的方法用于在文物建筑上时应谨慎采用，一定要征得文物部门的同意方可使用。

ⅰ.不露明柱石材墩接的具体做法。按墩接高度做出石更换柱（墩），原柱顶海眼剔凿加大深度，灌注环氧树脂栽铁榫与石更换柱（墩）底部卯口插接入位；石更换柱（墩）顶部剔凿海眼，与原柱后做管脚榫相接，如果原做法没有管脚榫的按原做法，详见图1-103。这种石材墩接的方式同样可以用于小于200mm高的露明柱子的墩接，由于是露明柱，要考虑到外观效果，所以其墩接的方法有所不同。

ⅱ.露明柱石材、混凝土墩接的具体做法。要求石更换柱（墩）加工后的尺寸每边要小于木柱50mm，石更换柱（墩）其他做法同上，木柱按剔补包镶的方法。将大出石柱墩（块）的部分剔除呈人字肩，用干燥旧木料按剔凿深度加工出包镶用料，每块木料的端头做人字肩，钉补后在接缝部位加铁箍一道，详见图1-104。

再一种就是用混凝土来替代石材，这种做法仅限于包砌在墙内的不露明柱，它的好处是不限于短尺寸墩接，耐久，而且在整体强度上也不输于木柱，只是其断面尺寸稍大一些，有可能会影响到包砌的墙体，需斟酌考虑或采用相应的技术措施来减小混凝土柱墩的断面尺寸。

　　iii. 不露明柱混凝土墩接的具体做法。用强度等级不小于 C15 混凝土按墩接长度打成方柱墩，柱墩每边要比木柱宽出不少于 50mm，并按木柱直径（圆柱可加工成方形）在混凝土方柱墩内预埋角钢，埋入柱墩内部分需焊接连成整体，其长度不少于 500mm，露出长度 1.5 倍柱径或不少于 400mm，角钢打眼用圆钉或螺栓与原木柱固定。在施工时需特别注意的是混凝土有收缩，必须等到混凝土柱墩干燥后再进行墩接，以免影响柱子的原有高度。混凝土柱墩底部与原石柱顶对接部分做法同石更换柱，详见图 1-105。

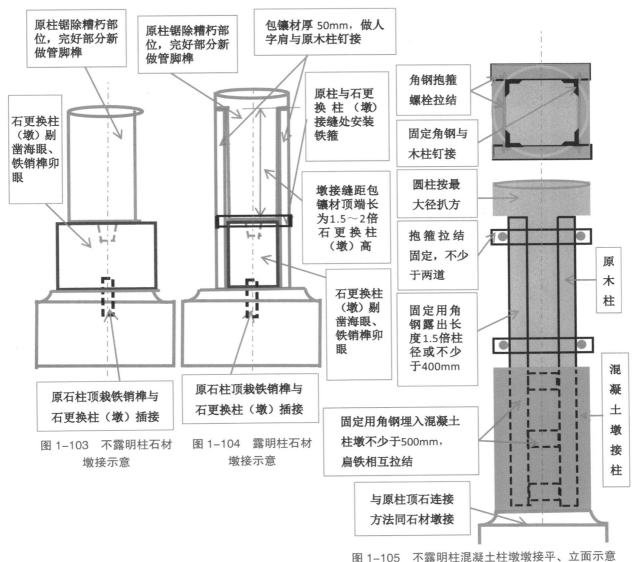

图 1-103　不露明柱石材墩接示意

图 1-104　露明柱石材墩接示意

图 1-105　不露明柱混凝土柱墩墩接平、立面示意

（4）柱子墩接参考实例

图 1-106～图 1-111 为柱子墩接实例。

3. 剔补包镶

（1）参考指标

当柱子糟朽深度没有超过柱径的 1/5 时，可采用剔补包镶的做法进行维修。

（2）工序

探查糟朽深度→工具准备→用材准备→作业。

图 1-106　石材墩接

（a）

（b）

图 1-107　木柱墩接

（a）

（b）

图 1-108　木柱贴墙部位涂刷防腐剂、砌包柱瓦圈

（a）　　　　　　　（b）

图 1-109　山西朔州崇福寺千佛阁柱根平肩燕尾通榫墩接

（a）巴掌榫墩接（b）平肩直榫、直销墩接（c）平肩直榫墩接

图 1-110　日本京都清水寺柱根墩接

（a）　　　　　　　（b）

图 1-111　越南某寺柱子墩接

（3）做法

①对糟朽柱进行探查，确认包镶做法。

②工具：斧、钉锤、锯、铇、凿等。

③材料：包镶用材宜选用同材种风干木料，最好是同建筑上更换下来的同材种旧构件木料；如

建筑使用的珍稀材种现在无法找到的可用类似材种木材替代；固定件采用镦头铁钉、扁铁、防锈漆；用胶可采用环氧树脂或骨胶；木材处理选用国家认可的防火、防腐及防虫等处理剂；凡使用非原材质木材及非传统材料的需经文物及设计部门批准方可使用。

（4）作业

①剔除糟朽部分，露出完好木质。

②加工配置包镶用料。方柱按糟朽剔除部分尺寸；圆柱每块的宽度根据直径定，为60~100mm不等，厚度按剔除厚度定；端头做人字肩以增大接触面。

③涂刷防火、防腐及防虫等处理剂。

④镶补木料涂刷粘接剂后用钉固定；钉帽应卧入包镶料表面。

⑤按要求加装铁箍，详见"加固补强"章节。

（5）剔补包镶参考实例1：包镶（镶补）柱子

图1-112~图1-115是包镶（镶补）柱子实例。

图1-112　柱根剔凿镶补　　　　图1-113　包镶（补）后的柱根　　图1-114　包镶（补）用料

（a）　　　　　　　　　　（b）　　　　　　　　　　（c）

图1-115　包镶（镶补）后的柱子

（6）剔补包镶参考实例2：包镶、墩接柱子综合做法

现状：重檐庑殿建筑角檐柱，别攒做法；柱心材质：松木，外包楠木；柱根局部糟朽，高度

200~600mm、深80~200mm不等，详见图1-116。

（a）   （b）   （c）   （d）

图 1-116　柱糟朽现状

根据此柱的糟朽坏损现状和柱材的珍稀程度，在此柱的维修中制定了在充分保证柱子安全的前提下尽可能多地保留原柱外包镶楠木柱材的设计方案（设计人：故宫古建部赵鹏，故宫工程管理处夏荣祥、王丹毅）。

①以原包镶柱材剔补更换高度位置为界，将原包镶柱材剔除，按要求剔出人字肩。

②原列攒松木柱心糟朽部分锯除，这部分柱材一般，价值不大，但考虑到要尽可能多地保留楠木包镶材，只是更换了约200mm高的墩接柱。虽然过短的墩接柱易劈裂，但包镶材与墩接缝之间有了一定的锚固长度，而且包镶材的厚度在50mm以上，又采取了打铁箍的措施，足以保证柱子的安全，详见图1-117。

4. 注浆补强

木材除了自外向内糟朽外还有自内向外糟朽的现象，叫髓心糟朽。髓心糟朽有两个原因：一是虫蛀，主要是白蚁的蛀蚀，在木结构中特别是南方地区的木结构中是常见的现象，它导致柱子中空糟朽，给建筑物带来严重的结构隐患；再就是柱子在使用时含水率过高，做完油漆后水汽不易散出，造成髓心腐朽而边材完好。对于这种柱子通常情况下更换新柱是一种简单且一劳永逸的维修方法，但是这种方法不能最大限度地保留构件本体，特别是有文物价值而且本身又是珍稀树种的柱子。注浆补强的方法是将高分子材料（树脂类）灌注在柱心糟朽的空洞部分，这样既能最大限度地保留了

（a）   （b）   （c）

包镶柱料选用同建筑旧木料（柏木），涂刷相关涂料后钉装；表面剔凿出铁箍槽

剔凿出铁箍槽，槽深略低于铁箍厚

扁铁箍涂刷防锈漆后槽内钉装

（d）　　　　　　　　（e）　　　　　　　　（f）　　　　　　　　（g）

图 1-117　墩接、包镶过程

文物建筑构件的本体又增强了结构强度，同时也减少了虫害对构件的继续蛀蚀。

（1）参考指标

柱子外皮木质完好，柱心糟朽直径不超过柱径的 1/3，糟朽高度入墙柱小于柱高 1/3，露明柱小于柱高 1/5 时，可采取注浆嵌补的方法。

（2）工序

探查糟朽深度→工具准备→用材准备→作业。

（3）做法

①采用敲击、钻孔的方法确定糟朽部位的深度、高度，确定维修方案。

②工具：备齐斧、钉锤、锯、铇、凿、电钻等工具。

③材料：注浆选用高分子树脂类材料；嵌补用材宜选用同材种风干木料。

④作业

a. 在与柱子连接的梁、枋等构件下方采用牮杆支顶加固，确保安全及成品的高度尺寸。

b. 在柱子糟朽最严重的一侧剔凿或锯出宽 100～150mm（以便于操作为准，越窄越好）的通长口子，将柱心糟朽部分剔除直至见到好木。

c. 分段灌注，以每段 800～1000mm 高为限，每段留出灌浆口后将口子用同建筑干燥旧木料补严，同时将灌浆部位的缝隙嵌严以防漏浆，固化后方可进行下段作业。

d. 灌注时采用漏斗等工具，尽量提高浇筑高度，加大灌浆压力，灌实、灌严，详见图 1-118。

5. 裂缝整修

柱子裂缝有两种，一种是横纹断裂，另一种是顺纹劈裂，分别采用不同的维修方法。

（1）断裂

当柱子受到外力的撞击时会发生断裂（横纹），通常情况下这种断裂（横纹）的柱子就要进行更换或者墩接，但如果是柱材珍稀其文物价值又高而且裂缝的深度较浅，可根据其所处的位置采用附柱的方法（详见图 1-119、图 1-120）进行加固处理并定期进行观察，确保结构安全。

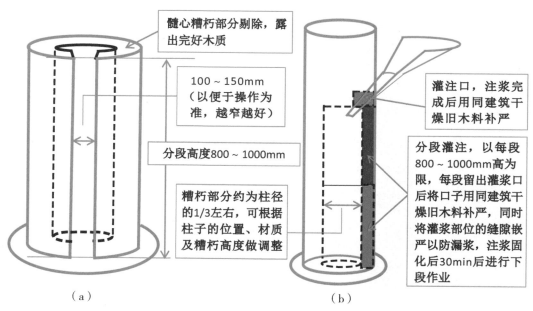

图 1-118　柱子中空糟朽维修方法示意

①参考指标

a. 墙内暗柱断裂裂缝深度不超过柱径 1/3 时可采用单边附加抱柱的方法进行加固维修，详见图 1-119。

b. 半露明柱、露明柱断裂裂缝深度不超过柱径 1/4 时可采用双边附加抱柱的方法进行加固维修，详见图 1-120。

c. 凡裂缝深度超过以上指标的柱子应进行抽（更）换或墩接。

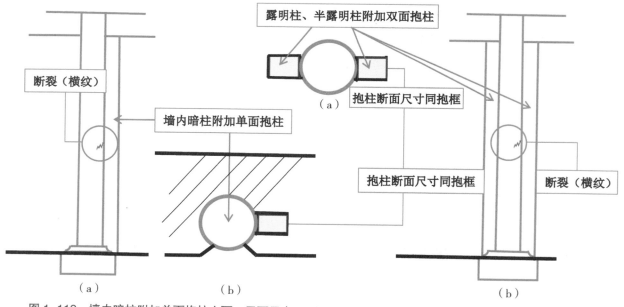

图 1-119　墙内暗柱附加单面抱柱立面、平面示意　　图 1-120　露明柱附加双面抱柱立面、平面示意

②工序。探查裂缝深度→工具准备→用材准备→作业。

③做法

a. 对柱子裂缝深度进行探查，确认做法。

b. 备齐斧、钉锤、锯、铇、凿、电钻等工具。

c. 抱柱宜选用同材种风干木料；木材处理选用国家认可的防火、防腐及防虫等处理剂。

d. 作业（参见《中国传统建筑木作知识入门——木装修、榫卯、木材》中第一章第五节"大门槛框及附件制作与安装工艺、工序流程及技术要点"）。

（2）劈裂

柱子因含水率等原因会产生顺纹开裂，也叫劈裂，通常情况下这种顺纹开裂的构件经过嵌补（详见图1-121）后可以继续使用。

（a）　　　　　　　　（b）

图1-121　劈裂嵌补

①参考指标

a. 当柱子裂缝宽不超过3mm且深度在柱径的1/3以内时可不用做处理。

b. 当柱子裂缝宽在3~30mm之间，但深度未超过柱径的1/3时，用同建筑拆下来的旧木料抹胶（通常采用环氧树脂）粘牢补严（称为"嵌缝"）。

c. 当裂缝宽超过30mm时，除采用旧木料粘补后还需加铁箍1~2道，间距0.5m；所加铁箍应嵌入柱内，外皮与柱外皮一平。

②工序：探查裂缝深度→工具准备→用材准备→作业。

③做法

a. 对柱子裂缝深度进行探查，确认做法。

b. 备齐斧、钉锤、锯、铇、凿、空压机、风枪等工、机具。

c. 楦缝宜选用同材种风干木料；每道裂缝应尽量使用通长木条；木材处理选用国家认可的防火、防腐及防虫等处理剂。粘接剂选用环氧树脂，固定选用圆钉；铁箍选用3~5mm厚、40~80mm宽的扁铁，固定选用锻打铁钉。

d. 作业

ⅰ. 清理裂缝内杂物并用风枪吹净。

ⅱ. 修扩裂口。

ⅲ. 旧木料见新，成形粘接、嵌补并用钉固定。

ⅳ. 按铁箍宽、厚剔槽，铁钉固定。

6. 铁活加固

铁活加固是传统木构建筑中构件拉结的辅助手段之一（图1-122～图1-130）。木构件的榫卯因干缩错位、残损变形对木结构构件之间的连接会有很大影响，直接危及结构本体的安全，采用这种方法虽然在美观上受到一些影响，但却是行之有效的。

（a） （b）

图 1-122 山西应县木塔柱子手工锻造铁箍

图 1-123 手工锻造镊头铁钉

（a） （b）

图 1-124 山西孝义中阳楼柱子手工锻造铁箍及镊头铁钉

（a） （b） （c） （a） （c）

图 1-125 浙江奉化大慈宝殿刿攒包镶柱子不锈钢铁箍 　　图 1-126 日本京都
　　　　　　　　　　　　　　　　　　　　　　　　　　　清水寺柱子铁箍

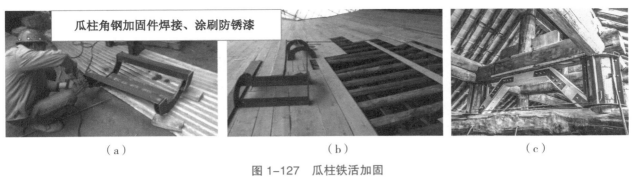

（a） （b） （c）

图 1-127 瓜柱铁活加固

（a） （b） 图 1-129 柱、枋铁过河拉结

图 1-128 柱、枋扁铁拉结

经铁箍加固的柱子虽然是别攒包镶做法，但依然能在柱根空洞 1/2 情况下矗立几百年，详见图 1-130。

（a） （b） （c）

（d） （e） （f）

图 1-130 日本奈良东大寺包镶柱子铁箍

（二）梁、枋

在传统清官式木构建筑中，柱、梁、枋、檩、板、椽构建出了整个房屋的骨架，在这个房屋骨架中，柱子和梁、枋作为主要的受力构件扛起了屋面所有的重量，尤其是梁、枋这种抗（受）弯构件所起的承重作用显得更为重要。

相对柱子来讲，梁、枋暴露在外，一定程度上免去了潮湿糟朽的风险，但由于它位置的重要加上常年受力，坏损的概率也很高，所以在文物建筑维修中，梁、枋的维修也是常见的施工项目之一。

1. 弯垂加固

在梁、枋坏损的种类中，弯垂现象最为常见，这是由于梁、枋的受力形态所决定的，越是跨度大的梁、枋弯垂的概率就越大。图1-131是梁受力点示意。

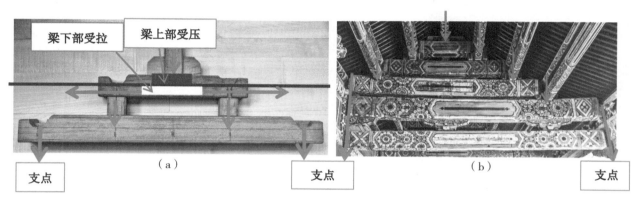

图1-131　梁受力点示意

在图1-131中可以看出，房屋各步架承托的屋面重量通过各瓜柱、柁墩、上部各梁传递到最下层梁梁头的两端支点，这两端的支点净距离越长，下层梁承托的重量就越大，不仅是屋面重量，而且还有众多木构件的自重。这就是说，越是大跨度的梁受力就越大，弯垂的概率就越大，而弯垂过大往往又会使梁产生断裂，所以在维修的普查定案阶段对这种大跨度的梁、枋要重点检查，既要保证建筑本体的使用安全又尽量不去更换，尽最大可能延续建筑中留存的历史信息，延续它的文物价值。

（1）参考指标

梁、枋弯垂的指标通常认定为：根据梁、枋所处位置允许弯垂尺寸在梁、枋长的1/250～1/100之间，超过1/100即认定为危险构件，如图1-132所示。

梁、枋弯垂加固的方法有多种，可根据其弯垂的程度单独使用一种或多种综合使用。

（2）做法

注：由于工序与之前章节多有重复，故不再加以描述。

①短柱支撑。这种方法比较简单直接，在故宫太和殿木结构中就有现成的例子，详见图1-133。太和殿中，由于主要的承重构件七架梁为包镶做法，承载力较一木整做的梁要差得多，加上其跨度大，所以虽然梁架弯垂的不是太大，为了保险起见还是在七架随梁和上檐桃尖接尾梁上的童柱柱（衬）脚枋之间加装了短柱、替木并安装扁铁进行了加固，使上檐桃尖接尾梁共同参与到七架梁、七架随梁的受力承重中。

这种方法简单直接，适合于在两梁之间对上梁的加固和加固部位隐藏在天花中的建筑。

具体做法是在上檐桃尖接尾梁上安装垫木、方柱、替木支顶七架随梁、七架梁，同时用扁铁加固方柱。

注：参见本章第三节一、（二）中的做法。

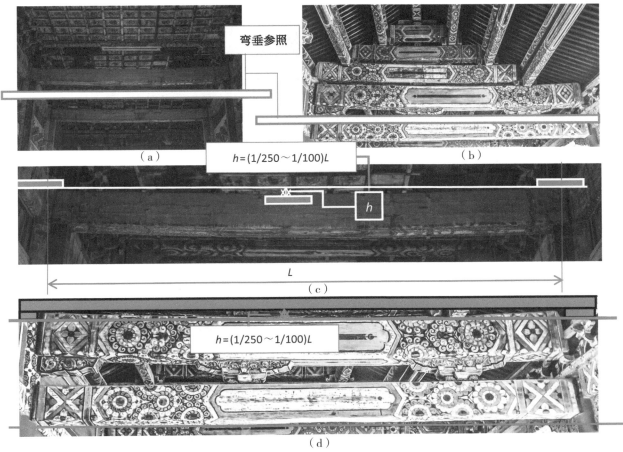

图 1-132　梁、枋弯垂现状及指标示意

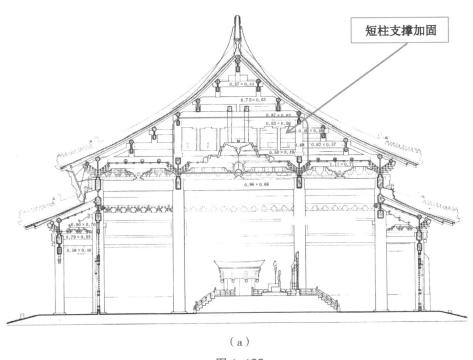

（a）

图 1-133

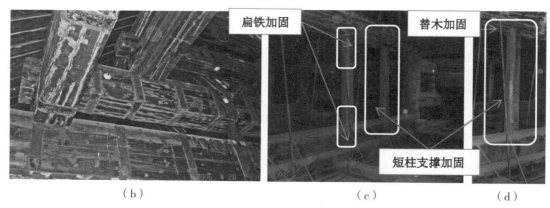

图 1-133　弯垂梁、枋加固维修方法 1

②梯形支撑（斜撑）加固。本方法适用于糟朽、断裂、劈裂梁枋的整修加固。在两梁之间加装梯形支撑（斜撑），使上梁所承担的相对集中荷载分散传递到下梁的两端，降低了上梁弯垂的概率，这种加固方法受力合理，与辽金减柱造梁架做法中叉手、托脚的使用原理具有异曲同工之处，详见图 1-134。

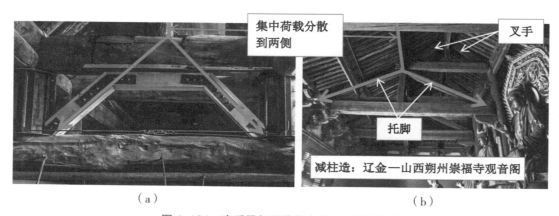

图 1-134　弯垂梁加固维修方法 2：分散荷载

具体做法如下。在弯垂或有残损的梁（枋）下用实木枋做梯形支撑（斜撑），斜撑下脚与瓜柱柱脚相交并用钢板连接加固；瓜柱加固铁箍之间铁拉杆、涨锚螺栓拉结，确保瓜柱与斜撑下脚不移动，完成上梁加固，详见图 1-135。

弯垂（糟朽、断裂、劈裂）梁、枋加固维修方法 2 如图 1-136 ～图 1-138 所示。

图 1-135　弯垂（糟朽、劈裂）梁、枋原状

图 1-136　木枋支顶

图 1-137　五金铁件加固

图 1-138　加固维修完工

③附件加固。以上两种加固方法都是在上下梁之间对上梁进行加固支撑进而使上梁所承担的荷载传递到下梁，从而使上下梁共同承担屋面荷载。而在现实中，下层大梁由于跨度大、荷载重，加上构件的自重，更容易弯垂变形，通常根据实际情况采用不同的附件单独或综合进行加固，也可以考虑采用临时加固中支顶华柱的方法，效果直接但不美观且使用不便，可酌情选择。

a. 随梁。在无随梁建筑的下层大梁（五、七、九架梁）下方贴附一根随梁，随梁按传统权衡定尺，两端做倒退榫（倒脱靴）安装于柱内；注意要贴附严实并加装铁箍与大梁固定，使（附）随梁起到辅助大梁受力的作用。如果在允许的情况下，也可考虑随梁采用工字钢骨架外包镶实木板的做法，这样同等截面的工字钢包镶随梁受力显然要比实木随梁要强一些，如图 1-139 所示。

b. 抱柱。在梁两端的柱子内侧安装抱柱，一是可以使梁的净跨度相对减少，再就是加大了一些柱子截面，增加了柱子的稳定性。只是由于抱柱权衡尺度的限制，效果不是很明显，如果抱柱与替木等其他附件配套使用效果会更好，如图 1-140 所示。

c. 替木（或雀替）。在抱柱与梁相交部位安装替木能同样起到减小梁净跨度的作用，比单纯使用抱柱的效果更好，如果在室内空间允许的情况下，加装多层替木并做出适当的装饰，还能类似于柱头斗栱，既装饰美观又改善了梁架的受力，一举两得。如果再按替木外形用铁板做出支撑骨架，两侧包镶实木板做出替木造型，受力的效果会更好，如图 1-140（c）、（d）所示。

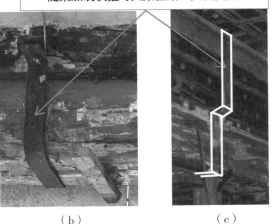

随梁加装铁箍与大梁拉结，共同受力

（a）　　　　　　　　　　　（b）　　　　　　　　（c）

图 1-139

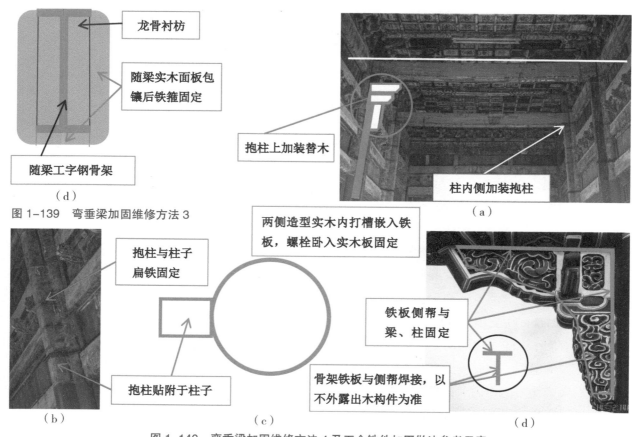

图 1-139　弯垂梁加固维修方法 3

图 1-140　弯垂梁加固维修方法 4 及五金铁件加固做法参考示意

④自然回弹。在落架大修工程中，可将弯垂的梁、枋拆卸下来反转放置，并可在梁、枋上放置重物，渐进加压，同时，随时测量回弹数据，如果回弹明显，恢复平直或回弹至弯垂数值规定范围内则该梁可以继续使用，但一定要按原状安装不得反转；对于回弹不明显且弯垂数值超出规定范围的梁要进行细致的检查，只要没有发生断裂和重要部位的糟朽，原则上在采取以上加固措施后可以继续按原状（但不得反转）使用，以保持它的史证价值。

2. 裂缝整修

梁、枋的裂缝也有两种，一种是横纹断裂，另一种是顺纹劈裂，同样是采用不同的维修方法。

（1）断裂

当梁、枋受荷载的影响产生弯垂进而发生断裂或受糟朽和节疤等木材本身疵病的影响发生断裂时，最保险的办法就是进行更换。由于更换需要对建筑进行整体落架，工作量巨大，且不利于文物建筑的保护和延续，所以通常情况下的维修方法是整修加固并定期进行观察，确保结构的安全。断裂如图 1-141 所示。

①参考指标。梁、枋断裂的深度直接影响到梁、枋的承载力，所以除了凭经验直观判断外一定要对剩余的完好断面进行荷载计算方可定案，同时，计算时要考虑断裂梁、枋的所处位置和采取的其他加固措施等因素，尽量避免更换梁、枋。

②做法

a. 当底层大梁发生断裂时，采用支顶加固的方法。注：详细做法参见本章第三节一、（二）中"支顶加固"项目的做法。

图 1-141　断裂

b. 上层如三架梁等净跨度较小的梁视断裂的程度可采取加装随梁的方法（图 1-139）和梯形支撑（斜撑）的方法（图 1-134 ~ 图 1-138）。

c. 铁件加固，见本节六、（二）"5. 铁件加固"。

（2）劈裂（径裂）

劈裂（径裂）如图 1-142 所示。

①参考指标。梁、枋裂缝宽不超过 3mm 且深度小于梁径的 1/4 时可不做处理，超出以上尺寸则需要进行相应的修补加固。

②做法

a. 裂缝长度不超过本身的 1/2，宽 3 ~ 5mm，深度小于梁径的 1/4 时用同建筑拆下来的旧木料见新成形后用耐水性粘接剂（通常采用环氧树脂）补严粘牢。

b. 裂缝长度不超过本身的 1/2，宽 3 ~ 25mm 且深度超过梁径的 1/4 时，除采用旧木料见新成形粘补后还需加铁箍若干道，箍距不大于 500mm，同时要求所加铁箍应剔槽嵌入梁身内，外皮与梁外皮一平。

c. 端头径裂长度小于梁长的 1/4 时，可不做处理，大于 1/4 时加装铁箍，方法参考后文。

d. 当裂缝长度超过本身 1/2，宽度大于 25mm 且深度超过梁径的 1/4 时，应根据梁、枋的实际受力截面积进行承载能力验算，如果结果能满足即可按以下方法进行维修：先将裂缝清理干净，裂缝的外口采用旧木料见新成形粘补或用树脂腻子勾缝严实并留出一定数量的灌注口灌注耐水性粘接剂（通常使用环氧树脂），最后将灌注口封严。如果满足不了即可采用梁、枋弯垂的维修方法。

e. 粘补所用木条每道裂缝应尽量使用通长木条，避免影响外观。

（3）轮裂

轮裂如图 1-143 所示。

（a）　　　　　　　　　　　　　（b）

图 1-142　劈裂　　　　　　　　　　　图 1-143　轮裂

①参考指标。轮裂相对径裂对构件的危害更大，当裂缝宽不超过1mm可不做处理，超出以上尺寸则需要进行相应的修补加固。

②做法

a. 轮裂宽度不超过2mm时仅清理裂缝，灌注耐水性粘接剂（通常使用环氧树脂）。

b. 轮裂宽度超过2mm时清理裂缝，灌注耐水性粘接剂（通常使用环氧树脂）并加装铁箍。

裂缝维修实例如图1-144~图1-146所示。

（a）维修前

（b）维修后

图1-144　梁身裂缝维修前、后现状1

（a）维修前

（b）维修后

图1-145　梁身裂缝维修前、后现状2

图1-146　梁、枋裂缝维修

3. 糟朽剔补

由于梁、枋构件大部分暴露在外，所以糟朽的概率远小于柱子，只是封砌在墙内或与墙接触的部位受到潮气侵袭容易产生糟朽，再就是房屋漏雨造成的局部糟朽、虫害蛀蚀造成的糟朽以及选料不当造成的糟朽。

相对劈裂，糟朽对构件的伤害更大，除了糟朽会使构件的截面积减少影响承重外，导致糟朽的腐朽菌还会继续侵入构件内部，对构件造成更大的伤害。

按糟朽程度分为轻微糟朽、局部糟朽和严重糟朽，如图1-147~图1-150所示。

（a）

（b）

图1-147　轻微糟朽

图1-148　局部糟朽

（a）　　　　　　　　　　　　　　　（b）

图 1-149　局部糟朽形成孔洞　　　　　　　　图 1-150　严重糟朽

（1）参考指标

①梁、枋局部糟朽深度小于 20mm（上下或两侧相加）的构件认定为轻微糟朽，可不做处理，仅将糟朽部分剔除即可。

②糟朽深度超过 20mm 但糟朽面积不超过截面积的 2/5 时可对梁的有效截面积进行计算，满足安全荷重或采取加固措施后可剔补使用。

③糟朽深度过深，同时承载能力计算也满足不了结构的使用要求但具备加固条件，可以通过剔补、打箍、支顶及支撑等方法综合加固（参考梁弯垂的维修方法），尽量减少更换。

以上指标仅作参考，还要根据糟朽构件的受力形式（受弯、受压、悬挑）及糟朽的具体部位（上下、两侧面）包括构件的材质等综合情况来判断是否可以仅做剔补包镶就可以保证结构的安全，不用整体更换，这样既节省了人力、财力又最大限度地保留了原始构件，保留了珍贵的历史信息。

（2）工序

探查糟朽深度→工具准备→用材准备→作业。

（3）做法

①对糟朽构件进行探查，确认剔补做法。

②工具准备：斧、钉锤、锯、铇、凿等。

③材料准备

a.包镶用材宜选用同材种干燥木料，最好是同建筑上更换下来的同材种旧构件木料。

b.如建筑使用的珍稀材种现在无法找到的可用类似材种木材替代；固定件采用镦头铁钉、扁铁、防锈漆。

c.用胶可采用环氧树脂或骨胶。

d.木材处理选用国家认可的防火、防腐及防虫等处理剂。

e.凡使用非原材质木材及非传统材料的需经文物及设计部门批准方可使用。

④作业

a.剔除糟朽部分，露出完好木质。

b.加工配置包镶用料。

c.涂刷防火、防腐及防虫等处理剂。

d.镶补木料端头不宜做成方正形状。

e.镶补木料涂刷粘接剂后用钉固定；钉帽应卧入包镶料表面。

f.按要求加装铁箍，详见本节铁件加固。

梁身局部剔补做法 1 如图 1-151 ~ 图 1-153 所示。

梁身糟朽形成孔洞　　　　　　　梁身糟朽形成孔洞

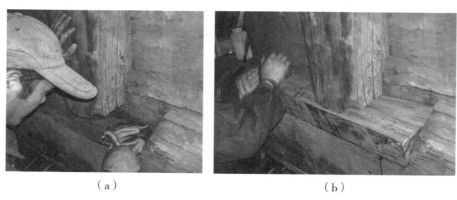

（a）　　　　　　　　　　（b）　　　　　　　　（c）

图 1-151　梁身糟朽现状

（a）　　　　　　　　　　　　　　（b）

图 1-152　糟朽部分剔除、旧料成形聚氨酯胶粘嵌补

梁身糟朽剔补部位

图 1-153　嵌补完成

梁身局部剔补做法 2 如图 1-154～图 1-157 所示。

老角梁前端局部糟朽

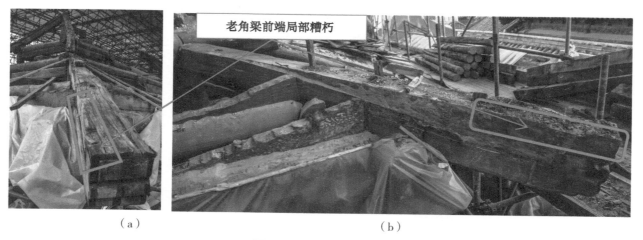

（a）　　　　　　　　　　　　　　（b）

图 1-154　角梁局部糟朽

（a）

（b）

（c）

（d）

图 1-155　角梁局部糟朽部位剔除、粘补、完成

图 1-156　檩枋糟朽形成孔洞

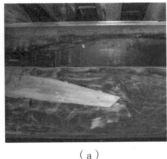
（a）

（b）

图 1-157　剔除、粘补完成

4. 局部补配

梁、枋某部位糟朽、坏损严重无法进行剔补的，可以根据所处部位进行局部整体补配。

（1）梁头（端头）补配

梁头所处一是梁、檩相交点，也是举折椽望的低凹部分，一旦屋面发生漏雨首当其冲，极易糟朽；二是所处室内外的梁头易受风雨侵蚀和虫鸟蛀损，所以梁头糟朽是大木维修中比较常见的项目。

由于梁头所处位置不在梁身中段的集中受力区，底下又有柱子或瓜柱支撑，所以通常情况下采用局部补配的方法就可以满足使用要求。

维修方法参考"糟朽剔补"，下面仅做补充（图 1-158、图 1-159）。

（2）梁头更换

梁头更换主要针对角梁梁头。由于其所处室外，雨水侵袭造成糟朽的概率远大于其他部位，通常情况下，只要糟朽的长度在出挑长度的 1/5 内，即可锯除糟朽部分直接更换新做梁头，并打铁箍加固，详见图 1-160。

具体做法如下。糟朽梁头锯除，剔凿出刀把刻半、单直卯口；新配刀把形角梁端头及头饰，榫接安装，并用扁铁做箍固定。梁背糟朽部分剔除，新料补齐并用铁箍固定。

（3）榫头补配

榫头是梁、枋受力的关键所在，受本身尺寸的影响易发生折断、糟朽和变形的现象。通常情况下，变形的榫头在不拆卸下来时不用进行修补，而折断或糟朽坏损时则可以按以下方法进行补配更换。

①坏损的榫头锯除剔净，按原榫头尺寸配料，长度以头:尾 =1:（4～5）为宜；材质以硬木为宜。

②原梁、枋打孔，螺栓固定后配榫头。

③螺栓帽卧入梁、枋，表面木料嵌封。

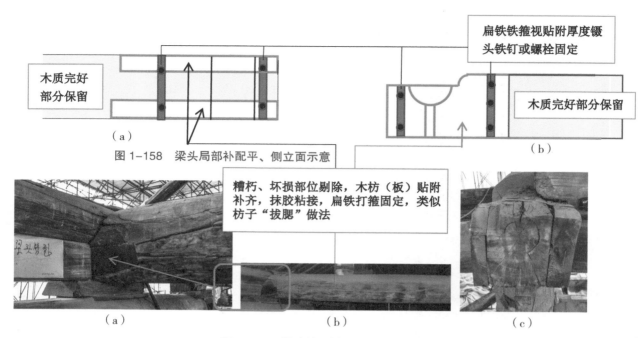

木质完好部分保留

扁铁铁箍视贴附厚度镶头铁钉或螺栓固定

木质完好部分保留

（a）

（b）

图 1-158　梁头局部补配平、侧立面示意

糟朽、坏损部位剔除，木枋（板）贴附补齐，抹胶粘接，扁铁打箍固定，类似枋子"拔腮"做法

（a）

（b）

（c）

图 1-159　梁头补配侧立、正立面示意

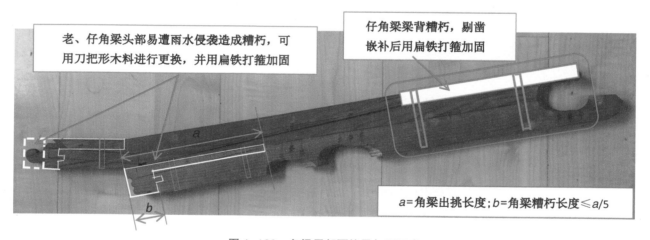

老、仔角梁头部易遭雨水侵袭造成糟朽，可用刀把形木料进行更换，并用扁铁打箍加固

仔角梁梁背糟朽，剔凿嵌补后用扁铁打箍加固

a=角梁出挑长度；b=角梁糟朽长度≤a/5

图 1-160　角梁局部更换及加固示意

图 1-161 为坏损榫头更换示意。

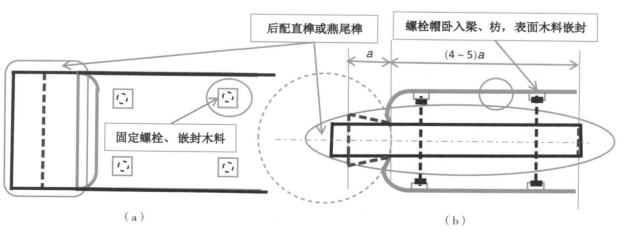

后配直榫或燕尾榫

螺栓帽卧入梁、枋，表面木料嵌封

a

$(4\sim5)a$

固定螺栓、嵌封木料

（a）

（b）

图 1-161　坏损榫头更换示意

（4）构件接改

这个维修项目也可以称为"接长补改"，就是将本不是这个部位的短构件［图1-154（a）］经过补改接长后用在这个部位上的一种做法。这种做法节省资金、资源又能最大限度地利用原始构件，保留下建筑物的历史信息。但这种方法必须要考虑到构件的承载力，毕竟不是完整受力，打了一些折扣，所以用在单独受力的主要承重构件（无随梁做法的五、七架梁）上时一定要经过结构计算没问题时后方可考虑这种做法的使用。

图1-162（a）所示短檩枋接长做法明显为临时拼凑，有传递荷载无构件拉接且极不美观。

接改现状及做法如图1-162所示。

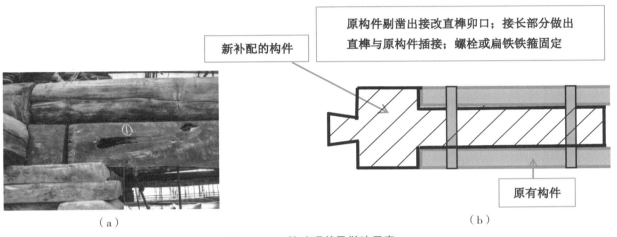

（a）　　　　　　　　　　　　　　　（b）

图1-162　接改现状及做法示意

图1-163所示的接改参考案例中，该随梁为包镶做法，内衬骨架为其他建筑拆弃不用的构件，尺寸不足且长度短小。经接改、包镶、打箍加固后使用了几百年，现状有弯垂，本次维修未做处理。

（a）　　　　　　　　（b）　　　　　　　　（c）

图1-163　接改案例示意

（5）整体更换

梁、枋糟朽深度超过指标范围，经计算达不到相应的承载能力，也不具备加固条件，特别是角梁这种悬挑构件，它所处部位易因漏雨造成构件糟朽，通常情况下以整体更换为妥，如图1-164、图1-165所示。

（a）　　　　　　　　（b）

图 1-164　糟朽需更换的角梁

图 1-165　更换后的角梁

5. 铁件加固

由于文物建筑的不可再生性，在维修中对有残损的构件在确保安全的前提下尽可能地不做更换，使其带病延年，这就决定了大量的维修工作是修补加固。除去构件本身木质部分的加固外，铁件加固是一种有效的维修手段。

（1）断裂

梁、枋发生断裂，除了支顶加固、加装支撑和附随梁的方法外，还可以在断裂部位加装铁件。

①加固方法 1。使用壁厚 8 ~ 10mm（经计算后确定）U 形铁板套托于梁、枋断裂部位，长度大于 800mm（经计算后确定），与梁、枋钉接固定后两侧用角钢、螺栓箍卡固定，详见图 1-166。

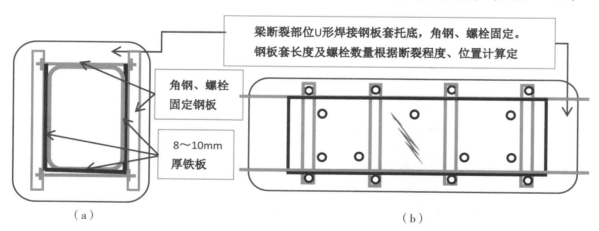

（a）　　　　　　　　　　　（b）

图 1-166　梁、枋断裂加固的方法 1

②加固方法 2。使用壁厚 10mm（经计算后确定）铁板夹附于梁、枋断裂部位两侧，长度大于 800mm（经计算后确定），螺栓打孔或锲头铁钉固定，详见图 1-167。

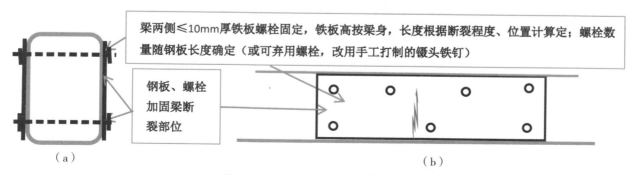

（a）　　　　　　　　　　　（b）

图 1-167　梁、枋断裂加固的方法 2

注：由于螺栓打孔会对梁的截面造成一定程度上不可逆的损伤，影响梁、枋的承载力，但相对牢固；手工打制的镘头铁钉对梁、枋造成的损坏较螺栓要小且相对来说是可逆的，但是钉接时也容易造成劈裂，且牢固的程度也不如螺栓，各有利弊，应慎重选择。

（2）劈裂

当梁、枋发生劈裂或本身就是拼接包镶时，采用铁箍加固的方法最为直接有效。图1-168为梁、枋各式铁箍示意。

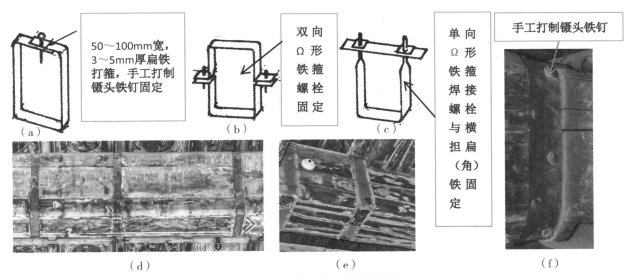

图1-168　梁、枋各式铁箍示意
注：摘自祁英涛，中国古代建筑的保护与维修，文物出版社。

（3）案例分析

①梁、枋铁件加固案例如图1-169～图1-172所示。此案例为一栋明代三开间歇山殿座，在十年前的修缮中由于山面梁架构件有开裂、糟朽等现象，做了铁件加固，本次修缮上架大木落架整修、斗栱整修，但对梁架未做更进一步的加固，原加固铁件按原位置、原安装方法重新安装。

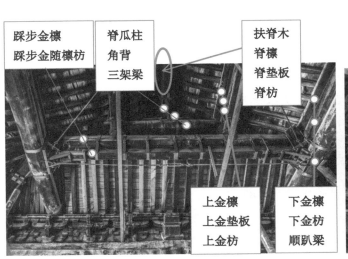

图1-169　歇山两山上架木构架及铁件加固参考示意

图1-170

扁铁拉结各间柱、枋，辅强榫卯

（b）　　　　　　　　　　　　　　　（c）

图 1-170　顺梁铁件加固参考做法 1

注：图（a）借鉴"抹角梁"做法，实用；支顶木加垫木更妥。

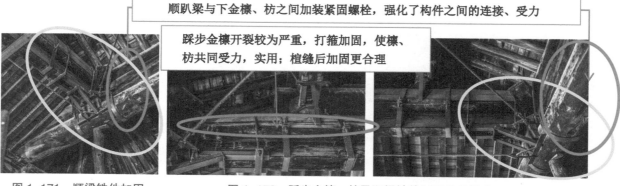

顺趴梁与下金檩、枋之间加装紧固螺栓，强化了构件之间的连接、受力

踩步金檩开裂较为严重，打箍加固，使檩、枋共同受力，实用；植缝后加固更合理

图 1-171　顺梁铁件加固　　　　图 1-172　踩步金檩、枋及顺梁铁件加固参考做法

参考做法 2

②老、仔角梁铁件加固参考做法如图 1-173 所示。这是铁件加固的一个组合。顺趴梁与下金檩、枋之间，踩步金檩与踩步金檩枋之间加装紧固螺栓，强化了它们之间的连接、共同受力；这两个不同方向构件的加固铁件通过焊接、螺栓拉接等方法连接在一起，强化了木构架的整体性。各铁件与木构件之间的连接方式为箍卡和铁钉钉接，对木构件损伤不大，且还具备一部分榫卯柔性连接的特性，只是在美观上有所欠缺。

③金檩、金垫板、金枋加固参考做法如图 1-174 所示。明、次间金檩、金垫板、金枋铁箍加固件中间用扁铁、螺栓连接，使明、次两间的整体性得到进一步的加强，强化了这两间木构件残损榫卯的连接作用，也是一种构件加固的参考办法。

老、仔角梁加装紧固螺栓，强化了两梁之间的连接

（a）　　　　　　　　　　　　（b）

图 1-173　老、仔角梁铁件加固参考做法　　　图 1-174　金檩、金垫板、金枋加固参考做法

④用钢板和黏结胶加固古建梁架实例。由于现代建筑材料不断更新，工艺水平日趋成熟，许多创新可行的新材料修缮加固方法被运用到实践中。由于笔者经历欠缺，现将刘大可主编的《中国古建筑营造技术导则》中所介绍的"钢板和粘接剂加固梁架"的方法摘入，以供读者参考、借鉴。

a.工程概况。本梁架加固案例为故宫慈宁宫修缮工程中的一项。慈宁宫为明、清皇宫内廷的一部分，明代称仁寿宫，清顺治十年重修，改称慈宁宫是太皇太后和皇太后的尊养之所，孝庄皇太后是清代居住在这里的第一位主人，因此历史价值很高。

本例修缮项目涉及的是对慈宁宫的两个七架梁的加固。

b.原有梁架的材料做法特点与损坏情况。

ⅰ.做法特点

·结构形式完全为清早期原构，在现存实物中较少见。

·木材为楠木，这种做法并不多见，价值很高。

·慈宁宫的柱、梁采用的是拼攒、包镶的做法，如本例中的七梁架即是用上、下两根木料拼合而成的。这种现象代表了木材尤其是名贵木材已不充裕时期的做法特点，也记录了那个时代工匠的聪明才智和高超的技术能力。

ⅱ.损坏情况。原有拼攒包镶后加固在梁架外的铁箍已锈蚀，固定铁箍的铁钉更是大部分断裂。梁架出现不同程度的挠度，木材表面有不同程度的裂缝。内部是否有糟朽或其他损伤需做进一步检查。

c.采用钢板和黏结胶加固的必要性。本工程的梁架为清早期原构，且为楠木材质，采用的又是拼攒包镶的工艺技术。如果按照通常的做法，用现在的普通的整根木料重新制作，原有的历史价值、原来的材料、原来的工艺技术以及记录在原有梁架上的初建时期的信息都将会失去。如果采用钢板加固和黏结胶加固的方法可以最大限度地使原有梁架的原真性得到保持。

d.本工程采用的加固方法

ⅰ.加固的基本方法

·将叠合而成的七架梁的上、下梁拆开，清扫干净。检查内部及细部的损伤及糟朽情况。

·剔除糟朽的部分。将剔除的部分及原有梁上的凹槽或缺损的部分用木块填平补齐，并用胶粘牢。

·向原有木梁上的裂缝内加压注胶。

·在上面梁的顶面上，通长粘贴钢板。钢板两侧各下反100mm，作为加劲肋板，肋板与顶面上的钢板形成反扣的凹槽形。在肋板的下部焊接螺栓座，间距400mm。在钢板与木梁之间加压注胶，使钢板与木梁顶面黏结牢固。

·在下面梁的底面上，通长粘贴钢板。钢板两侧各上反300mm，作为加劲肋板，肋板与底面上的钢板形成向上的凹槽形。在肋板的上部焊接螺栓座，间距400mm。在钢板与木梁之间加压注胶，使钢板与木梁顶面黏结牢固。

·在上梁的底面和下梁的顶面处分别抹胶，随后按拆卸前的状况将上、下梁重新拼合在一起。

·在上、下梁之间的胶未固化之前，用螺栓通过螺栓座将上、下钢板连接在一起。拧紧螺栓，使上、下梁结合牢固。

ⅱ.加固材料的选用

·钢板采用碳素结构钢，Q235材质，厚6mm。

·螺栓采用通用型不锈钢螺栓，ϕ12mm。

·专业部门根据本工程的情况研制了以下几种黏结胶：钢板与木梁之间的黏结胶为改性环氧树脂黏结剂；上、下梁之间的黏结胶为木材黏结胶；裂缝修补加固的黏结胶为木材裂缝修补胶。

（三）檩

1.弯垂整修

（1）参考指标

屋檩弯垂超过1%的应予更换；在此范围内的可进行整修。

（2）做法

①附檩

a.方法1：在檩下直接附上檩枋。檩枋或采用五金件加固的方法或榫卯（倒脱靴榫）与梁、檩连接的方法，详见图1-175。

b.方法2：在檩端头加装檩托，檩托下加装替木。檩托、替木采用榫卯及铁钉与檩、瓜柱连接的方法，详见图1-176。

c.方法3：在檩端头加装替木。替木采用榫卯及铁钉与檩、瓜柱连接的方法，详见图1-177。

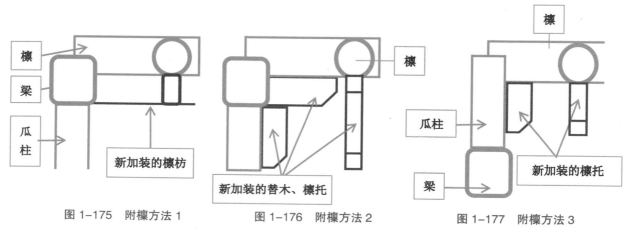

图1-175　附檩方法1　　　图1-176　附檩方法2　　　图1-177　附檩方法3

②调直垫平。屋檩子弯垂在1%以内可在檩上皮金盘处加钉木条垫平，以保证屋面椽平整一致。

③回弹。屋檩弯垂超过1%但材质完好可用时，可以参考大梁回弹的方法继续使用。使用时注意不得翻转使用。

2.糟朽剔补

（1）参考指标

檩局部糟朽深度小于20mm（上下面相加）的认定为轻微糟朽，可不做处理，仅将糟朽部分剔除即可；檩上、下面糟朽深度相加不超过檩子直径1/5的构件认定为糟朽，可以进行剔补；糟朽面积超过截面积2/5时需对檩的有效截面积进行计算，满足安全荷重时方可剔补使用。

（2）工序

参考梁、枋的"糟朽剔补"工序。

（3）做法

参考梁、枋的"糟朽剔补"做法。

（4）檩局部剔补做法实例

图 1-178 和图 1-179 中，该檩局部糟朽面积超过截面积 2/5，且糟朽部位居开间檩中受力集中部位，应予更换。但考虑到该构件下方垫板、檩枋材质完好，且檩上扶脊木为新换，四层构件共同参与受力，结构安全是有保证的，更主要的是该构件上绘有清代早期彩画，故该构件定案为局部剔补，整体保留。

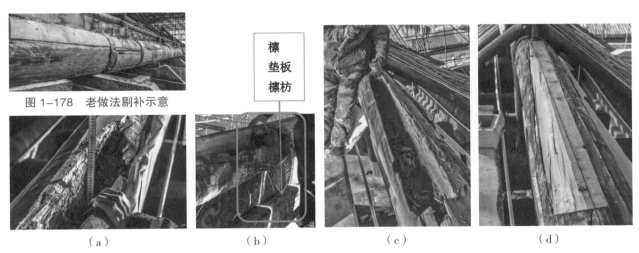

图 1-178　老做法剔补示意

（a）　　　　　　　（b）　　　　　　　（c）　　　　　　　（d）

图 1-179　檩糟朽部位探查、剔除、粘接镶补

3. 裂缝整修

与柱、梁、枋相同，屋檩的裂缝也有两种，一种是横纹断裂，另一种是顺纹劈裂，同样是采用不同的维修方法。

（1）断裂

①参考指标。檩如果发生断裂，一般都需要更换。但如果只是檩上部有断纹，且断纹高度不超过本身直径的 1/4 时，可以进行加固整修。

②做法

a. 檩与下层跨空构件之间采用加装短柱的做法，使下层构件起到辅助屋檩受力的作用，详见图 1-180（a）。

b. 如断裂部位檩、垫、枋配置齐全，可在断裂部位的垫板两面附加折柱完成加固，详见图 1-180（b）。

c. 屋檩与下层构件用扁铁固定在一起完成加固，详见图 1-180（c）。

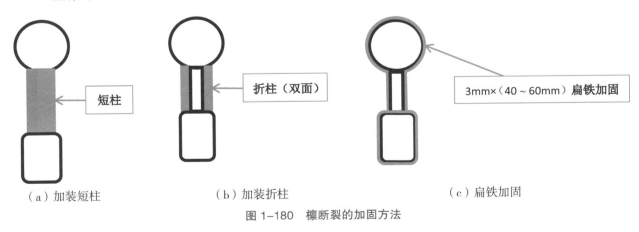

（a）加装短柱　　　　　　　（b）加装折柱　　　　　　　（c）扁铁加固

图 1-180　檩断裂的加固方法

（2）劈裂

①参考指标。当檩长向的裂缝长度不超过檩长的 2/3，宽度小于 25mm，深度不超过直径的 1/3 时，可采取与梁裂缝同样的加固措施（参考梁、枋裂缝嵌补做法）。

②做法。参考梁、枋裂缝嵌补做法。

（3）檩裂缝嵌补实例

图 1-181 为圆檩开裂实例，图 1-182 为裂缝嵌补实例。

（a）

（b）

图 1-181　圆檩开裂实例

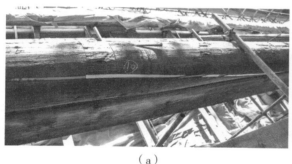
（a）

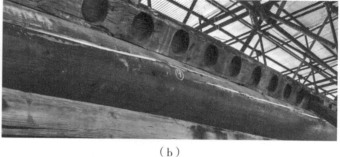
（b）

图 1-182　裂缝嵌补实例

4. 接改更换——榫头、檩头

檩端头通常做有燕尾（大头）榫卯、刻半榫卯和十字卡腰榫卯等。由于榫卯是构件的主要受力部位，所以最容易受到损伤。当檩下方安装有檩枋等辅强构件或经计算承载力满足承重要求时，可以对损伤部位进行墩接，方法参考柱子墩接方法，墩接长度不小于 3 倍的檩径，同时必须打铁箍加固。

参考案例如图 1-183 ~ 图 1-188 所示。

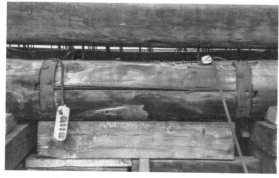
图 1-183　老做法巴掌榫接改圆檩

图 1-184　按原做法接改圆檩

（a）

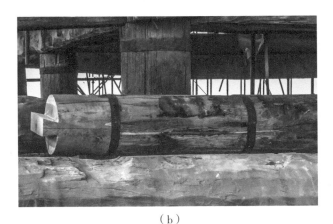
（b）

图 1-185 按原做法接改燕尾（大头）通榫圆檩

（a）

（b）

图 1-186 参考原做法接改十字卡腰榫卯搭交圆檩

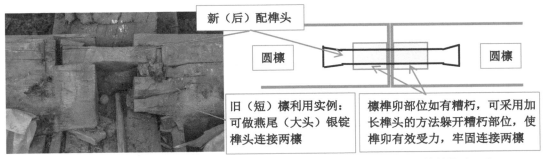

图 1-187 旧（短）檩榫接改示意

图 1-188 旧（短）糟朽檩榫接改示意

5. 铁活加固

（1）外滚

屋檩在木构架中是要承托椽望、瓦面的重量，再把这个重量传递到梁。由于传统建筑屋面的举折外形，从最高的中心脊步屋面到最低的两边檐步屋面除了重量向下直接传递外还有一个下滑向外的推力，这就要求在梁头做出"檩椀"来固定屋檩的位置，防止屋檩外滚滑脱。但由于梁头"檩椀"以外部位长度较短，木材纹理又为横纹极易劈裂，梁头又是易糟朽的部位，所以这部分一旦劈裂或糟朽，就会出现屋檩外滚的隐患。

对于屋檩外滚的整修除了按剔补（图 1-189）的方法将劈裂丢失的梁头"檩椀"补齐外，在祁英涛先生所著的《中国古代建筑的保护和维修》一书中又介绍了另外三种做法：一种是在梁头部位安装楔形挡头，再用扁铁加固；另一种是安装铁板椽；再一种是安装拉杆椽。

此部位易劈裂、糟朽，造成檩木外滚。整修方法参考"剔补整修"

图 1-189　剔补做法

①安装楔形挡头。这种方法简单易行，就是在梁头屋檩的外侧钉装一楔形木挡头，辅助梁头檩椀受力来防止屋檩外滚。这种方法虽然简单易行，但由于梁头短，锚固长度有限，对防止屋檩外滚所起的作用也是有限，详见图 1-190。

②安装铁板椽。这种方法是针对屋面各步架椽子对接方式是墩掌或压掌采用的做法（详见图 1-191），具体为：在前后两坡各檩端头椽子椽当内通长安装一根扁铁（参考尺寸 5mm×50mm，可根据房屋规模适当加大），每间两道，将两坡各檩拉结在一起，以此防止各檩外滚滑脱。这种方法做法简单、直接且操作方便，只是用在"彻上明造"做法的房屋内会影响美观，详见图 1-192。

③安装拉杆椽。这种方法是针对屋面各步架椽子对接方式是搭接采用的做法［详见图 1-191（c）］，具体为：前后两坡各檩端头的一根椽子与上下屋檩用螺栓锚固，每相邻两檩两端头各固定一根椽子，将两坡各檩拉结在一起，以此防止各檩外滚滑脱。这种方法做法操作较为复杂且螺栓打孔会对木构件造成不可逆的影响，需要慎重考虑或改用钉接等其他固定方法，详见图 1-192。

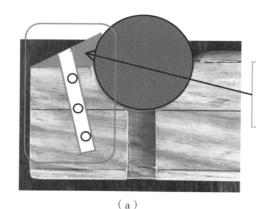

梁头钉装楔形挡头，也可加装1~1.5mm厚扁铁与梁头拉结加固

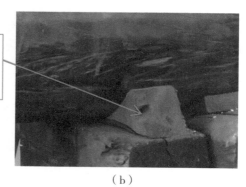

（a）　　　　　　　　　　　　　　　　　（b）

图 1-190　屋檩外滚整修加固做法

（a）　　　　　　　　　（b）　　　　　　　　　（c）

图 1-191　椽对接方式：墩掌、压掌、搭接（乱插头）

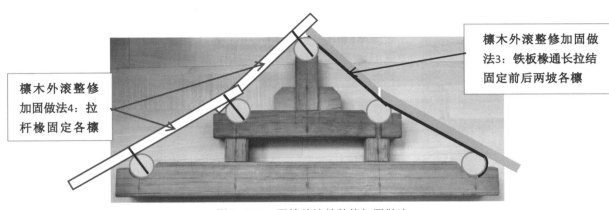

檩木外滚整修加固做法3：铁板椽通长拉结固定前后两坡各檩

檩木外滚整修加固做法4：拉杆椽固定各檩

图 1-192　屋檩外滚的整修加固做法

（2）劈裂

参考梁枋劈裂铁件加固做法。

（3）拉结加固

①当屋檩对接部位的榫卯残损时通常采用扁铁拉结的方法来进行加固，扁铁选用规格通常为（3~5mm）×50mm，长度不短于 3 倍的屋檩直径，可根据屋檩直径做适当调整。

②为防止木构架歪闪变形，在不同方向构件之间加装扁铁进行拉结也是通常采用的一种方法。

（4）参考案例

如图 1-193~图 1-195 所示。

对接檩扁铁拉结加固

图 1-193　对接檩拉结加固

檩与其他构件扁铁拉结加固

图 1-194　不同构件拉结加固

檩头镶补扁铁加固

图 1-195　檩头加固

（四）椽

椽子的整修应根据其坏损的部位综合考虑长椽改短、挪位使用等方法，尽量保留原椽。

1. 糟朽剔补

（1）参考指标

①椽身糟朽超过椽径的 2/5 时需进行更换。

②椽身糟朽深度在椽径 1/10 以内，可将糟朽部分剔除继续使用；超过椽径 1/10 但不超过椽径 2/5 的，剔除糟朽部分进行镶补后可继续使用。

③檐椽椽头糟朽但经剔补后能满足承托连檐的要求的可不予更换。

④正心或挑檐部位的牢檐钉孔糟朽未超过椽径的 1/4 时，剔补后可继续使用。

⑤飞椽后尾糟朽折断后木质完好长度短于头部长度 1 倍的，应予更换。

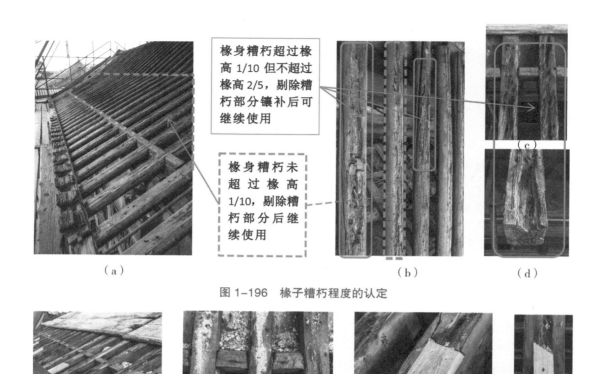

椽身糟朽超过椽高 1/10 但不超过椽高 2/5，剔除糟朽部分镶补后可继续使用

椽身糟朽未超过椽高 1/10，剔除糟朽部分后继续使用

（a）　　　　　　　　　　　（b）　　　　（d）

图 1-196　椽子糟朽程度的认定

（a）　　　　（b）　　　　（c）　　　　（d）

图 1-197　椽子剔补实例

（2）做法

参考梁、枋剔补做法。

（3）参考案例

图 1-196 为椽子糟朽程度的认定，图 1-197 为椽子剔补实例，图 1-198 为飞椽糟朽程度的认定，图 1-199 为飞椽剔补实例。

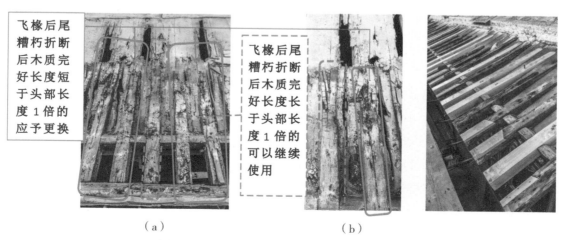

飞椽后尾糟朽折断后木质完好长度短于头部长度 1 倍的应予更换

飞椽后尾糟朽折断后木质完好长度长于头部长度 1 倍的可以继续使用

（a）　　　　　　　　　（b）

图 1-198　飞椽糟朽程度的认定　　　　　图 1-199　飞椽剔补实例

2.弯垂更换

自然弯曲和向下弯垂分别如图1-200和图1-201所示。

①当确认因荷载过大原因致使椽子向下弯垂超过长度2%时，该椽应予更换。

②椽子因含水率等自然原因造成弯垂或弯曲的可不做处理。

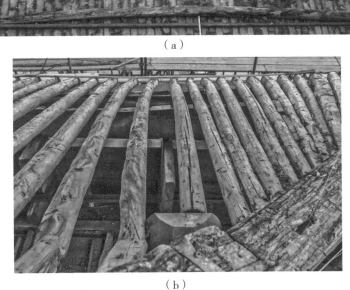

（a）

（b）　　　　　　　　　　（c）

图1-200　自然弯曲　　　　　　　　　　图1-201　向下弯垂

3.裂缝整修

裂缝如图1-202所示。

（1）断裂

①进行更换。

②断裂部位在室内同时又不便更换的情况下在椽子断纹处两侧加装木方（椽）固（绑）定，共同受力。

（2）劈裂

①裂缝深度不超过1/2椽径，长不超过椽长2/3时，可以不做处理正常使用。

②当裂缝超过3mm时应进行嵌补处理并用薄铁箍（铁腰子）加固。

（a）　　　　　　（b）

图1-202　裂缝

（五）板

1.糟朽剔补

板类构件如果所处部位直接与砖、瓦、灰、泥等潮湿材料接触，极易产生糟朽，加上断面较薄，通常情况下更换的概率较高，特别是望板，除了直接与砖、瓦、灰、泥等潮湿材料接触外，在底面还做了地仗油漆，导致水汽出不去，更易糟朽。

①望板糟朽深度大于望板厚度1/4时应予更换。

②望板糟朽深度小于望板厚度1/4时仅将糟朽部分剔除，不做剔补即可继续使用。

③其他板类构件根据其种类、位置、受力、美观等综合情况决定采用更换或剔补的做法。

参考案例如图 1-203 和图 1-204 所示。

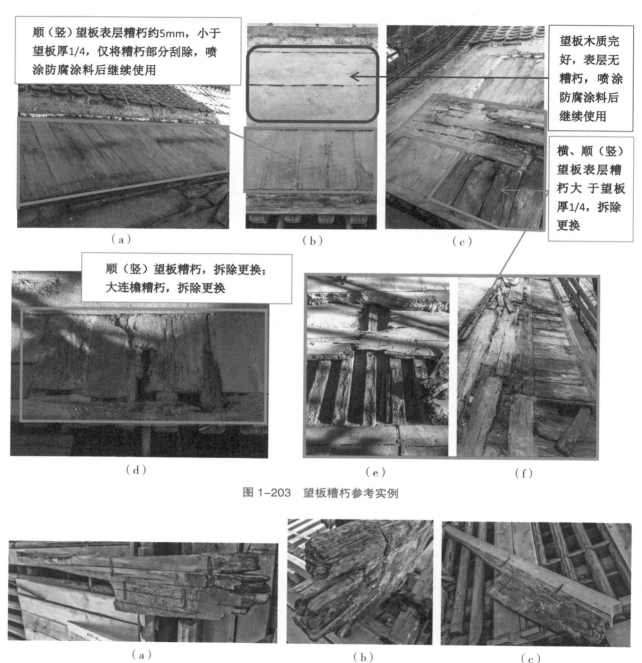

图 1-203　望板糟朽参考实例

图 1-204　板糟朽剔补实例

2.裂缝整修

① 当裂缝宽度小于 5mm 深度小于板厚的 1/3 时，裂缝可不做嵌缝处理，仅在裂缝处镶嵌银锭扣（榫），详见图 1-205（a）、（b）。

② 当裂缝宽度大于 5mm 深度小于板厚的 1/3 时，裂缝应做嵌缝处理，同时在裂缝处镶嵌银锭扣（榫），详见图 1-205（a）、（c）。

③ 裂缝深度大于板厚的 1/3 时应更换。

3. 变形整修

当板类构件遇有变形时，可采用烘烤、开水浸泡或重物镇压的方法进行矫正。

宽度大于5mm深度小于板厚的1/3的裂缝除镶嵌银锭扣（榫）外，还需进行嵌缝处理

宽度小于5mm深度小于板厚的1/3的裂缝仅镶嵌银锭扣（榫）

（a）　　　　　　　　　　　（b）　　　　　　　　　　　（c）

图1-205　板类构件裂缝整修示意

4. 可用大木旧构件的参考指标

文物建筑中，残损、糟朽的木构件除按以下参考指标确定弃留外还应遵循"长料改短，大料改小，移位使用"的原则，最大量地保留住文物建筑中有史证价值的实物载体，延续文物建筑的历史价值。

（1）柱子

①断裂

a. 用作墙内暗柱时裂缝深度不超过柱径1/3并在采用相应的加固措施后可使用。

b. 用作半露明柱、露明柱时裂缝深度不超过柱径1/4并在采用相应的加固措施后可使用。

②劈裂。裂缝深度不超过柱径1/3并在采用相应的整修加固措施后可使用。

③糟朽

a. 外部糟朽深度不超过柱径1/5并在采用相应的整修加固措施后可整体使用。

b. 外部糟朽深度超过柱径1/5，糟朽高度用作墙内暗柱在柱高1/5、用作半露明柱、露明柱在柱高1/3之内，在采用相应的整修加固措施后可分段使用。

c. 柱心糟朽深度不超过柱径1/3，糟朽高度用作墙内暗柱在柱高1/5之内，用作半露明柱、露明柱在柱高1/3之内，在采用相应的整修加固措施后可使用。

④弯曲变形。通常情况下，柱子的弯曲变形不大，只要不是太影响美观都可以使用。

（2）梁、枋

①弯垂。梁、枋弯垂尺寸不超过梁、枋长的1/100在采用相应的整修加固措施后可以使用。

②糟朽

a. 梁、枋局部糟朽深度小于20mm（上下或两侧相加）可以使用。

b. 梁、枋局部糟朽深度大于20mm（上下或两侧相加）但糟朽面积不超过截面积2/5时可对梁的有效截面积进行计算，满足安全荷重或采取整修加固措施后可以使用。

c. 当梁、枋糟朽深度大于以上指标，同时承载能力计算也满足不了结构的使用要求但具备加固条件，通过剔补、打箍、支顶及支撑等方法综合加固后可以使用。

③断裂。需要对未断裂的完好断面进行荷载计算，同时要考虑断裂梁、枋的所处位置和采取的其他加固措施等因素方可确定能否使用。

④劈裂

a. 裂缝长度不超过梁、枋长度的 1/2，宽度不超过 25mm 且深度不超过梁径的 1/4 并在采用相应的整修加固措施后可以使用。

b. 裂缝长度超过本身 1/2，宽度大于 25mm 且深度超过梁径的 1/4 时应结合梁、枋所处位置及相应的加固措施并根据梁、枋的实际受力截面积进行承载能力验算，满足承载要求后可以使用。

⑤轮裂。轮裂宽度不超过 5mm 时，在采用相应的整修加固措施后可以使用。

（3）檩

①弯垂。弯垂尺寸不超过檩长的 1/100 时可以使用。

②糟朽

a. 檩上、下面糟朽深度相加不超过檩子直径 1/5 的，在采用相应的整修加固措施后可以使用。

b. 糟朽面积超过截面积 2/5 时需结合相应的加固措施对檩的受力有效截面积进行承载能力验算，满足承载要求后可以使用。

③断裂。断纹处于檩上部且断纹高度不超过本身直径的 1/4 时，在采用相应的整修加固措施后可以使用。

④劈裂。裂缝长度不超过檩长的 2/3，宽度不超过 25mm 且深度不超过檩径的 1/3 时，在采用相应的整修加固措施后可以使用。

（4）椽

①弯垂。弯垂尺寸不超过本身长度 2% 时，可以使用。

②糟朽

a. 不超过椽径 2/5 时，在采用相应的整修措施后可以使用。

b. 檐椽椽头糟朽但经剔补后能满足承托连檐的要求的可以使用。

c. 正心或挑檐部位的牢檐钉孔糟朽未超过椽径的 1/4 时，剔补后可以使用。

d. 飞椽后尾糟朽折断后木质完好长度长于头部长度 1 倍的可以使用。

③断裂。改做它用。

④劈裂。裂缝长度不超过 2/3 椽长，深度不超过 1/2 椽径，宽不超过 1/10 椽径时，在采用相应的整修措施后可以使用。

（5）板类构件

①望板长度短于 4 椽中～中尺寸（含椽当尺寸）或 1000mm 不得使用。

②望板糟朽深度小于望板厚度 1/4 时在采用相应的整修措施后可以使用。

③裂缝深度超过板厚 1/3 的不得使用。

注：遇有糟朽、裂缝等坏损情况的其他板类构件，视构件的种类、位置、受力、美观等综合情况决定采用更换或剔补整修等做法。

第四节　斗栱修缮

一、整体修配

当建筑物进行落架大修或仅斗栱部分残损严重，需要更换的构件多时，就需要将斗栱拆除，补配整修后重新安装。图 1-206 和图 1-207 为斗栱残损实例。

整体修配的方法通常有两种。

第一种：拆除下来的斗栱需要倒运至加工厂或实地指定现场，整修补配后整攒进行"草架摆验"，无误后再运至施工现场架子上，拆散重装。这种方法增加了拆安和倒运的次数，但可以在整修斗栱的同时整修木结构下架，交叉作业，缩短工期。

（a）

（b）

图 1-206　斗栱残损实例 1
注：斗栱残损严重且柱基下沉，需整体拆除、补配、整修，重新安装。

（a）

（b）

图 1-207　斗栱残损实例 2
注：斗栱轻微残损，构件有丢失；虽柱基下沉，但斗栱可随柱子整体打牮拨正，无需整体拆除，仅做补配、整修即可。

第二种：如果结构木柱、枋等下架构件无需拆卸，也可直接将拆卸下来的斗栱分攒摆放在施工架子上实地整修补配，在大木下架（下层柱、枋）立架定位调平后分层组装。这种方法减少了倒运和拆卸的次数，但由于是在施工架子上进行整修操作，会有一些不便，降低工作效率。

这两种方法各有利弊，可根据现场实际情况及工期要求酌定。

（一）工序

方法一：场地清理、检查 → 工具、用材准备 → 做法考察、测绘、留存影像资料 → 分攒、分层拆除码放 → 构件编号 → 运至整修场地 → 斗栱整修添配、草架摆验 →（下架木构件整修安装 →）斗栱运至安装现场 → 检查下架尺寸 → 分层安装。

方法二：检查施工架子 → 检查下架尺寸，调平调正 → 做法考察、测绘、留存影像资料 → 分攒、分层拆除码放 → 构件编号 → 整修补配 → 分层安装。

（二）施工方法

1. 方法一

①进入施工现场后检查架子支搭的情况，保证其高度、宽度、牢固度符合施工的要求。

②工具：斧、锯、铇、凿、大锤、钉锤、锯、撬棍等。

③材料：垫板（枋）、麻绳、测绘用具等；构件的更换用材选用风干的同种木材，如原用材为珍稀或较珍稀材种如楠木等不易获取，可选类似相近材性的木种替代，但一定要经文物部门认可。

④对原斗栱构件的榫卯做法、头饰做法、尺寸及不同部位、不同年代的做法特征等进行详细的测量和文字、影像记录，并对具有典型做法的原构件进行重点保护，为下一步的构件添配修补保留出明确可信的做法依据，保证更换构件的"原形制、原工艺、原做法"。

⑤按榫卯扣搭顺序进行拆卸，拆卸时，应先将妨碍拆卸杂物、木楔剔除后再行拆除，轻拆轻放，不得伤及构件榫卯；在拆卸的同时交叉进行标写位置编号及影像记录的工作，并分攒码放备运。

⑥以攒为单位将拆卸下来的斗栱运至整修现场，注意包装保护，防止磕碰。

⑦整修剔补构件以最大限度保留原构件为原则；添配构件按原构件的外形和细部做法复原制作；"草架摆验"现场平铺平板枋按实物分位将整修添配好的斗栱构件分层安装，如建筑物下架柱有"生起"则按实物"生起"尺寸铺设垫木，分位、分层安装。

⑧后续安装按操作规范进行施工操作。

2. 方法二

①进入施工现场后检查架子支搭的情况，保证其高度、宽度、牢固度符合施工和斗栱存放的要求，同时，对原建筑结构下架的平面尺寸、立面高度进行核对，无误后方可进行下道工序。

②工具：斧、锯、铇、凿、大锤、钉锤、锯、撬棍等。

③材料：垫板（枋）、麻绳、测绘用具等；构件的更换用材选用风干的同种木材，如原用材为珍稀或较珍稀材种如楠木等不易获取，可经相关部门认可、推荐选用材性相近的树种替代。

④对原斗栱构件的榫卯做法、头饰做法、尺寸及不同部位、不同年代的做法特征等进行详细的测量和文字、影像记录，并对具有典型做法的原构件进行重点保护、保存，为下一步构件的添配修补保留出明确可信的做法依据，保证更换构件的"原形制、原工艺、原做法"。

⑤按榫卯扣搭顺序进行拆卸，拆卸时，应先将妨碍拆卸杂物、木楔剔除后再行拆除，轻拆轻放，不得伤及构件榫卯；在拆卸的同时交叉进行标写位置编号及影像记录的工作并分攒码放。

⑥以攒为单位将拆卸下来的斗栱按顺序存放在施工架子上，注意进行防护保管，避免磕碰丢失。

⑦整修剔补构件以最大限度保留原构件为原则；添配构件按原构件的外形和细部做法复原制作。

⑧后续安装按操作规范进行施工操作。

二、外倾整修

关于斗栱的外倾整修加固在本书第三节大木构架修缮的"临时抢险加固"章节中已有介绍，但这是临时的抢险加固措施，既不美观也相对不可靠，这里再介绍一种针对斗栱外倾的综合加固方法供读者参考。

方法1：在斗栱后尾的相应位置上安装槽钢压铁；额枋室内一侧与槽钢压铁间安装铁拉杆压住斗栱后尾，减轻斗栱沉头外倾的现象，详见图1-208、图1-209。

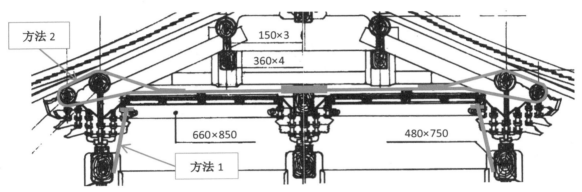

图1-208　斗栱外倾整修加固方法

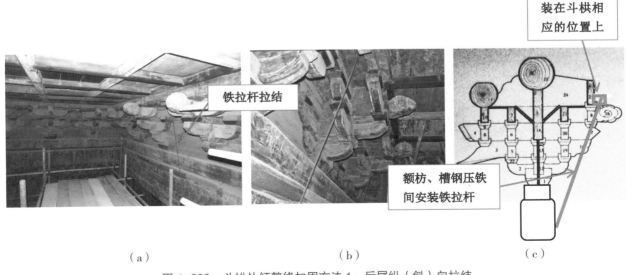

（a）　　　　　　　　　　（b）　　　　　　　　　　（c）

图1-209　斗栱外倾整修加固方法1：后尾纵（斜）向拉结

方法2：前后檐斗栱挑檐桁安装扁铁、拉杆，在室内中间采用正反扣花篮螺栓相互拉结紧固，减轻斗栱沉头外倾的现象，详见图1-210。

方法3：斗栱后尾加装间枋、压斗枋、支顶瓜柱，利用金檩部位的重量压住斗栱后尾，起到杠杆配（压）重的作用，详见图1-211。

上述所介绍的三种方法可根据斗栱外倾的程度分别或综合采用，以求达到最佳效果。

（a）

（b）

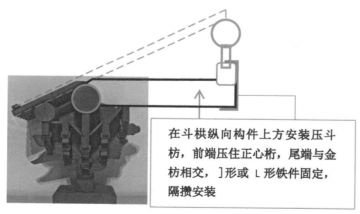

（c）

图1-210　斗栱外倾整修加固方法2：水平拉结

在斗栱纵向构件上方安装压斗枋，前端压住正心桁，尾端与金枋相交，]形或L形铁件固定，隔攒安装

图1-211　斗栱外倾整修加固方法3：加装压斗枋

三、缺失补配

斗栱缺失主要是指斗栱升斗、斗耳、栱子的脱落丢失，这在斗栱的维修中是最为常见的，维修起来也较为简单：按相邻同类构件复原制作并安装即可。需要注意的是：①确定补配构件的复原参

照构件是否与整栋建筑拟复原年代相符；②补配构件按参照构件尺寸复原，与补配位置尺度不合的修、垫补配构件，不得按补配位置的尺度改变补配构件尺寸，详见图 1-212～图 1-215。

构件补配的制作、安装按操作规范进行施工操作，详见《古建筑工程施工工艺标准》。

（a）

（b）

（c）

图 1-212　比照实物制作补配构件

（a）

（b）

图 1-213　栱子、替木补配

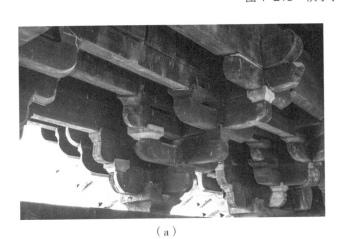
（a）

（b）

图 1-214　升、斗补配

|（a）|（b）|（c）|

图1-215　升、斗、替木、正心、拽架枋、盖、斜斗板、覆莲销剑把补配

四、坏损剔补

斗栱是由多个构件组合而成的一个构造整体，多处于室外，在使用中这些构件不可避免地会产生糟朽变形、劈裂坏损。通常情况下，我们对这些构件中坏损严重的进行更换，对坏损不太严重的能修补的尽量修补，其维修方法如下。

1. 升、斗

（1）劈裂

当斗、升劈裂为两半，断纹能对齐且无损的，粘接后可以继续使用。断纹不能对齐或坏损、糟朽的应更换。

（2）斗耳断落

斗、升斗耳断落的，可以按原尺寸式样补配、粘牢钉固。

（3）斗"腰"压陷

斗、升，特别是柱头、角科的坐斗，斗"腰"因受力过大常常被压扁，这种情况只要压陷高度超过3mm的可以在斗口内用硬木板按原构件木纹补齐，在3mm以下的可不做修补。另一种方法是在坐斗斗底垫硬木板的方法恢复原来的高度。这种做法施工简易，但改变了原来的制度，在可能的条件下最好不用。

2. 栱子

（1）劈裂

栱子只是顺木纹劈裂而无断裂的可用胶或高分子材料灌缝粘牢继续使用。

（2）扭曲变形

扭曲变形不超过3mm的可以继续使用，超过3mm的必须更换。

（3）榫头断裂

当栱子的榫头断裂时，只要不糟朽就可以采取用胶或高分子材料灌缝粘牢的方法继续使用。如果糟朽严重可以将榫头锯掉，采取梁、枋接榫方式，用干燥硬杂木依照原有榫头式样、尺寸制作后与栱头粘牢，并用螺栓加固。

3. 昂嘴及头、尾饰

（1）劈裂

昂嘴及头、尾饰出现劈裂时，只要是顺木纹劈裂而无断裂的可用胶或高分子材料灌缝粘牢继续使用。

（2）脱落

昂嘴及头、尾饰脱落的，用干燥硬杂木按原做法、同纹理胶粘榫接，并用木销固定。

4. 枋类构件

（1）劈裂

枋类构件出现劈裂特别是斜向劈裂的必须在枋内用螺栓加固或采取用胶或高分子材料灌缝粘牢的方法方能继续使用。

（2）糟朽

枋类构件出现糟朽时必须剔除糟朽部分后用木料钉补齐整，当糟朽面积超过断面面积2/5以上或发生断裂时必须更换。

5. 参考实例

当遇到昂头劈裂脱落或人为破坏导致缺损可采用以下做法进行修复，详见图1-216～图1-222。

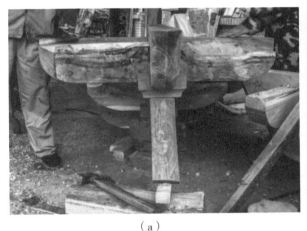
（a）

（b）

图1-216 构件局部糟朽残损剔除，原建筑用材补配

（a）

（b）

图1-217 构件局部糟朽残损剔除，原建筑用材补配

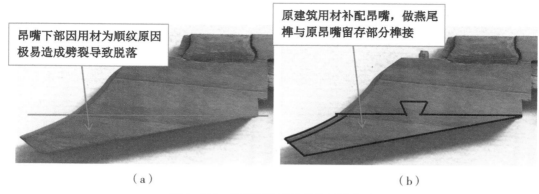

昂嘴下部因用材为顺纹原因极易造成劈裂导致脱落

原建筑用材补配昂嘴，做燕尾榫与原昂嘴留存部分榫接

（a）　　　　　　　　　　　　　（b）

图 1-218　昂嘴劈裂脱落整修补配方法

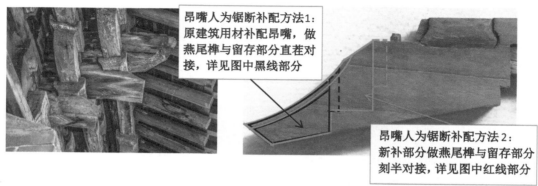

昂嘴人为锯断补配方法1：原建筑用材补配昂嘴，做燕尾榫与留存部分直茬对接，详见图中黑线部分

昂嘴人为锯断补配方法2：新补部分做燕尾榫与留存部分刻半对接，详见图中红线部分

图 1-219　昂嘴人为锯断实例　　　　　图 1-220　昂嘴整修方法示意

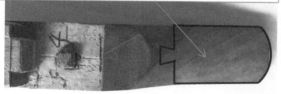

昂嘴人为锯断补配方法：原建筑用材补配昂嘴，做燕尾榫与留存部分榫卯对接

图 1-221　昂嘴榫卯对接平面示意　　　　图 1-222　昂嘴人为锯断补配实例

第五节　装修维修

　　中国传统木构建筑中，门、窗、栏杆、楣子、花罩、天花藻井、楼梯都属于装修的范畴。和大木构架、木基层、斗栱一样，它们在使用的过程中都会残损糟朽、缺失变形。特别是外檐门窗，坏损的概率是很高的，这是由于外檐门窗直接经日晒雨淋且用料相对单薄加上开启频繁而导致。

　　装修的维修项目和大木、斗栱等的维修项目基本相同，有整体的加固整修，有坏损构件的剔补更换等。所区别的是由于构造和功能的原因，装修构件整体加固整修的概率要高一些，比如门窗、栏杆等；还有，由于构件小易丢失且剔补费工导致构件更换的概率也要高一些。这些都是在装修维修中需要考虑的，也是装修维修的特点。

从维修做法上来说，装修的维修做法大致分为三种。

一、坏损更换

当门、窗、隔扇等装修构件残缺坏损需要整修时，要根据它们的坏损程度确定是否能予整修保留，如果整修后的构件不足以满足使用要求且整修构件过多，则应采取整体更换的方法。

在更换前，如保留有原残缺构件，一定要仔细记录原构件的细部尺寸及详细的榫卯、纹样、做法；若构件没有遗存物，则应在本栋号或同建筑群其他栋号的相同部位找到参考做法并经设计部门认可后方能按确定的做法进行更换加工。

参考实例详见图 1-223 ~ 图 1-229。

（a）

（b）

（c）

图 1-223 残缺坏损，整体更换的撒带板门

图 1-224 整体更换后的风门

（a）

（b）

图 1-225 残损缺失，整体更换补配后的支摘窗

图 1-226 板壁骨架残损缺失

（a）

（b）

（c）

图 1-227 残损缺失骨架拆除，整体更换补配

（a）

（b）

图 1-228　整体更换补配的床榻

图 1-229　更换补配的天花木顶格

二、加固整修

加固整修主要是指装修构件中没有残损缺失的现象，只是由于年久失修，构件出现变形松动进而影响到使用的现象。出现这种现象时，通常情况下只需进行调整整修或将构件摘除进行加固整修即可。

1. 变形整修

在装修的门窗隔扇特别是开启扇中，由于开启频繁，加上有些隔扇尺寸大、分量沉，长时间使用，榫卯会松动离位进而造成门扇下坠、翘曲变形（俗称皮楞、窜角），开启困难关闭不严。当出现这种情况时，通常的整修办法是将门窗隔扇摘除，打开欲整修的边抹榫卯，将榫卯间的杂物、油漆地仗清除干净，抹胶入位后背楔组装。

如门窗隔扇的榫卯松动不大，翘曲变形也不是很厉害，则可以不用摘除门窗隔扇，仅把边抹的榫卯打开一部分，清除杂物及在榫卯处抹上少许胶即可，这样能减少一些对边抹榫卯的损伤，也能节省一部分工力。

对于经常开启的门窗隔扇，在整修加固后可在门扇背面的榫卯部位加装铁三角、铁丁字，以延长门窗隔扇的使用寿命。

参考实例如图 1-230 所示。

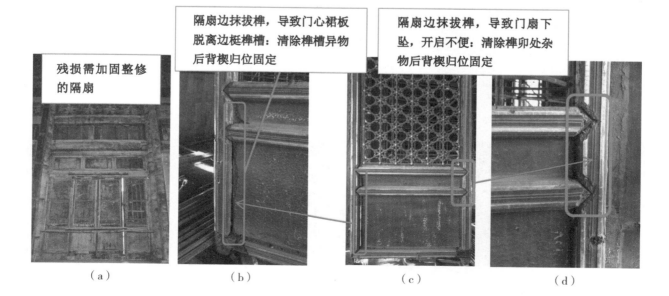

残损需加固整修的隔扇

隔扇边抹拔榫，导致门心裙板脱离边梃榫槽；清除榫槽异物后背楔归位固定

隔扇边抹拔榫，导致门扇下坠，开启不便；清除榫卯处杂物后背楔归位固定

（a）　　　　　　　（b）　　　　　　　　　（c）　　　　　　　　　（d）

不摘扇整修加
固工序：边抹
榫卯打开，抹
胶背楔固定

为加强加固效
果，可在边抹
背面剔槽卧平
安装宽约30mm、
厚1.5～2mm铁
三角、铁丁字

（e）　　　　　　　　　　　（f）　　　　　　　　　　　（g）

图1-230　装修残损整修方法示意

2.错位整修

门窗在使用当中，门扇与门框、门扇与门扇
之间常出现碰撞、磕蹭的现象。这种现象的出现，
一是因为门扇松动变形、干湿抽胀而产生碰撞、
磕蹭，这种松动变形可以按图中所示方法加固整
修即可；干湿抽胀造成的变形则可以采用锯铇的
方法整修。再一个原因就是因门扇的开启转动部
位——门轴磨损及转动装置——铁套筒、铁护口
脱落而出现错位进而引起门扇的碰撞、磕蹭，详
见图1-231。

当出现门扇门轴因磨损错位引起门扇的碰撞、
磕蹭这种情况时，通常只要将坏损的门轴局部或
整体更换就行，详见图1-232、图1-233。

门轴错
位造成
门扇上
口碰撞、
磕蹭

图1-231　大门门扇碰撞、磕蹭示意

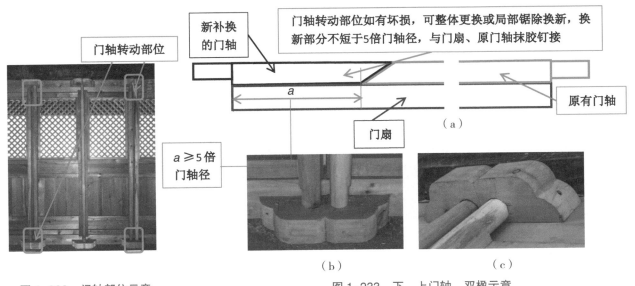

新补换
的门轴

门轴转动部位如有坏损，可整体更换或局部锯除换新，换
新部分不短于5倍门轴径，与门扇、原门轴抹胶钉接

门轴转动部位

原有门轴

a

门扇

（a）

a≥5倍
门轴径

（b）　　　　　　　　　　（c）

图1-232　门轴部位示意　　　　　　图1-233　下、上门轴、双楣示意

大门由于体量大、分量沉、开启不便，所以在门轴（肘）部位安装专用的转动装置"寿山""福海"即铁质套筒、护口、垫铁、踩钉（详见图1-234），当使用中因木质糟朽发生脱落或移位时，门扇会因错位而产生碰撞、磕蹭，这种情况的维修比较简单，只需将门扇摘除，将糟朽坏损的木质部分剔补整修后将套筒、护口、垫铁、踩钉安装入位即可。

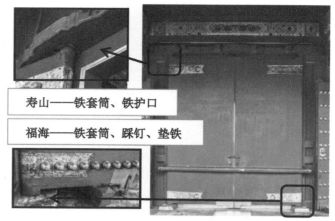

寿山——铁套筒、铁护口

福海——铁套筒、踩钉、垫铁

图1-234 大门"寿山""福海"示意

三、剔补添配

在门窗隔扇中，常见边抹、棂条坏损缺失，通常情况下是仅将坏损缺失的边抹或棂条更换补齐即可，这样，既能最大限度地保留原建筑构件，也能减少不必要的浪费。

参考实例见图1-235～图1-246。

（a）

（b）

（c）

（d）

图1-235 剔补添配实例

注：图（a）、（b）风门、隔扇边抹坏损，拆下后按原做法添配更换；图（c）攒边门门边、门心板局部坏损，拆下后按原做法添配更换；
　　图（d）风门边抹、门心板及棂条局部坏损，拆下后按原做法添配更换。

（a）

（b）

图1-236 支摘窗边抹添配更换

图1-237 支摘窗棂条添配更换

（b）

（c）

（a）

图 1-238　隔扇棂条、工字、卧蚕整修添配

图 1-239　隔扇、槛窗棂条错位

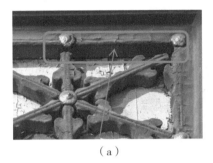

（a）

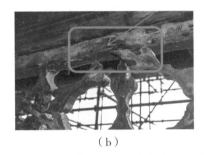

（b）

（c）

图 1-240　隔扇、槛窗棂条榫头伤损，与仔边未固定连接

三交六椀棂条花饰劈落、坏损　　三交六椀棂心菱花扣缺失

（a）

（b）

图 1-241　棂心、棂条坏损示意　　图 1-242　棂条补配　　图 1-243　三交六椀棂心整修

（a）

（b）

（c）

图 1-244　炕罩床榻剔补整修

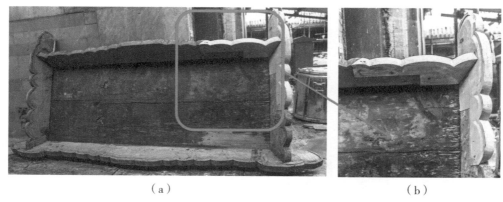

（a） （b）

图 1-245 斗子匾剔补整修

（a） （b） （c）

（d） （e） （f）

图 1-246 板壁整修：拆除面板；糟朽坏损龙骨剔补整修；面板补配

　　在文物建筑木作修缮中还有利用玻璃纤维布、不饱和聚酯树脂材料对木构件坏损修补部位进行加固补强的做法，近年来更升级为采用碳纤维等新型高科技材料来对构件进行加固补强，由于笔者对这些做法少有实践，故在本书中不做介绍。

第二章
中国传统建筑木雕刻

第一节　木雕的发展与演变

一、木雕的发展阶段

中国的木雕历史悠久，最早可追溯到 6900 年前的新石器时代。人们用石刀、骨刀制作简单的木质用品，在木、石、骨、象牙上以线条形式刻录各种图案。在那个时期，河姆渡人就能刻画出非常流畅的线条阴刻，主要以生产工具以及配饰为主（详见图 2-1 ~ 图 2-4）。

图 2-1　河姆渡木雕鱼形器柄

图 2-2　木制榫卯

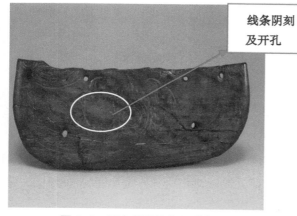

图 2-3　双鸟朝阳纹象牙雕刻图

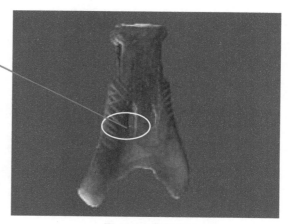

图 2-4　骨制工具

社会生产力的发展尤其是炼铁术的出现给木雕工艺的发展提供了物质条件，从简单平面线条雕刻发展到浮雕、镂空雕、立体圆雕。秦汉时期的木雕已经有了很高的艺术水准，1965 年湖北省江陵县望山 1 号墓出土的战国时期木质透雕彩漆座屏，融合了透雕和浮雕工艺，各种动物穿插交错形象特征充满生机，体现了当时高超雕刻工艺及丰富的想象力，如图 2-5 所示。马王堆汉墓出土木俑见图 2-6，辽代木雕观音自在像见图 2-7，宋代木雕观音菩萨坐像见图 2-8。

图 2-5　木质透雕彩绘小座屏

立体圆雕线条单一

镂空雕

图 2-6　马王堆汉墓出土木俑

图 2-7　辽代木雕观音自在像

唐宋时期佛像雕刻脸部手脚丰满及衣纹都比较写实

图 2-8　宋代木雕观音菩萨坐像

中国传统建筑木雕装饰是依附于木结构建筑上的雕刻工艺，在木结构建筑中，木雕随着建筑构件的定型而产生。唐宋是中国古代史上的鼎盛时期，雕刻艺术也是如此，不论造型、敷彩、圆雕、浮雕都已臻成熟，木雕的应用更加广泛，有佛像、人物、花鸟、走兽等，日趋完美并且开始向写实方向发展，各类独具地方特色的木雕工艺开始流行。唐代建筑木雕非常少，以简明素面为主，山西五台南禅寺如图 2-9 所示。

（a）南禅寺大殿

（b）大殿局部

图 2-9　山西五台南禅寺（唐，782 年）

晋祠圣母殿距离现在有一千多年。殿柱雕有八条蟠龙以立体手法雕刻，是我国现存的宋代古建筑木雕之一，详见图 2-10。宋代木雕手法非常娴熟，此龙的眼睛、鳞片都做得非常写实。

图 2-11 为金、元代建筑木雕。

（a）木雕龙柱

（b）木雕龙柱"龙头"

图 2-10　晋祠圣母殿龙柱雕刻（宋，建于 1023 年）

（a）　　　　　　　　　　　　　　　　（b）

图 2-11　金、元代建筑木雕

　　明清时期建筑木雕繁缛、精美而且多样化，工艺已非常成熟和精湛，人们把神话故事、中国传统吉祥图案以及各地的生活风俗等拓展为木雕题材，并应用到建筑木雕上。不仅宫殿建筑注重木雕，寺庙、民居等也都非常盛行各种木雕装饰。在建筑木雕装饰上以古代人物故事、成语典故、龙凤纹饰、吉祥图案、花鸟走兽为题材比较普遍。明清宫廷建筑外檐雕刻纹饰华丽优雅大方，内饰雕工繁缛精美而奢华，以豪华、庄重大气、布局规整，体现了宫廷建筑木雕独有的特点（图 2-12~图 2-14）。

雀替线条流畅，纹饰华丽，优雅大方

（a）雀替雕刻

内饰雕工
粗中带细
繁缛精美
而奢华

（b）镂雕天花藻井　　　　　　　　　　　　（c）镂雕天花藻井

故宫建筑木雕花板
及雀替造型庄重大
气，布局规整，线
条柔顺自然

（d）透雕花板

（e）故宫雀替

图2-12　北京故宫建筑木雕藻井、花板、雀替

（a）雀替

储秀宫斗匾采用贴附镂空透雕技法，使整个雕刻图案更加立体生动

（b）斗匾

图 2-13　北京故宫建筑木雕斗匾、雀替

（a）梁头　　　　　　　　　　　　（b）垂花头

（c）花罩（摘自《内檐装饰图典》）

图 2-14 北京故宫建筑木雕建筑木雕梁头、垂花头、花罩

二、木雕风格的演变

　　木雕从最初的拙朴粗间到近现代的技法造型琳琅满目，根据建筑和家具各部件的造型，设计各种纷繁复杂、造型多变图案，利用各种精湛雕刻技法进行巧妙的雕刻。建筑木雕随着木结构建筑艺术的发展也由简到繁，从北京官式雕刻到北方及南方演变各自不同的风格。雕刻技法也从简单的线条雕刻到圆雕、留地雕、镂空雕、透雕等复杂的雕刻。到了近现代木雕工艺技法更加成熟，工匠们利用现代机械来辅助加工，使传统工艺的技艺有了实质性的变化，更大大提升了木雕的技术难度和工作效率。

　　北京官式建筑木雕和北方木雕有所区别，官式建筑木雕汇聚了南北方雕刻技法的优点，图案造型及雕工淳厚、端庄、大气，形成了具有独特风格的装饰艺术，详见图 2-15。

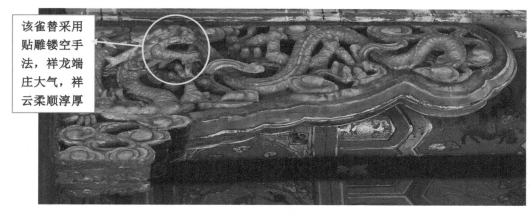

该雀替采用贴雕镂空手法，祥龙端庄大气，祥云柔顺淳厚

（a）贴雕雀替

图 2-15

（b）祥云麻叶头　　　　　　　　　　（c）装饰构件"螭吻"

（d）贴雕双喜福寿裙板　　　　　　　　（e）深浮雕蟠龙藻井
（摘自《内檐装饰图典》）　　　　　　　　（摘自《内檐装饰图典》）

图 2-15　北京故宫建筑木雕

　　北方建筑木雕则质朴敦厚，以吉祥图案、花鸟等装饰题材丰富多样，表达人们向往福寿、富贵、吉祥如意、平安和谐的心声。雕刻手法对每个建筑构件各有不同，大构件雕工雕风拙朴粗犷，精细部则盘旋缠绕、精雕细琢，以观赏装饰为主。图 2-16 为河南周口关帝庙木雕。

（a）镂空雕"牡丹云龙"　　　　　　　（b）镂空雕"锦鸡牡丹"

（c）浮雕"宝相花"（缠枝莲）

（d）镂空雕"草龙博古"

图 2-16 河南周口关帝庙木雕

　　南方民间建筑木雕呈现的是另外一种风格，多以精致细腻繁缛的内容来体现建筑的富丽及奢华。黄氏宗祠（清代）门楼八根大梁，利用木雕高难度手法"深雕留底镂空雕"，体现了工匠高超雕刻技法。图 2-17 为黄氏宗祠木雕。

（a）黄氏宗祠（清代）

图 2-17

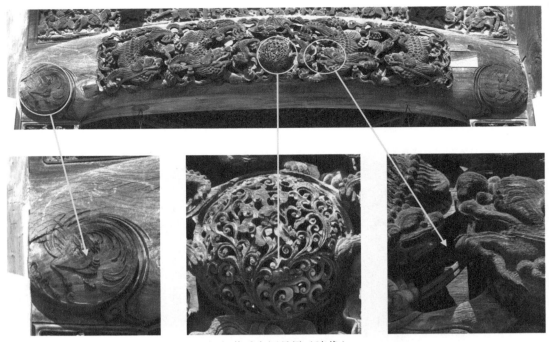

（b）黄氏宗祠月梁（清代）

图 2-17　黄氏宗祠木雕

　　建筑木雕随着建筑结构艺术的成熟，从简单传统工艺雕刻的耍头和繁杂蟠龙藻井，到现代工艺雕刻。中国木雕艺术风格纷呈，演变也随着社会的进步而发展，显示了中国工艺美术巧夺天工之妙。

三、木雕的流派

　　明清以后木雕工艺已非常成熟和精湛，把神话故事、中国传统吉祥图案以及人们的生活风俗等拓展到木雕题材上，并应用到建筑、家具和日常用品等领域。到了清代传统木雕工艺技术达到了高峰，浙江东阳木雕、福建闽南木雕、乐清黄杨木雕、广东潮州的金漆木雕最为著名，被称为中国的"四大名雕"。其中乐清黄杨木雕以摆件饰品为主，由于材料纹理细腻，色泽比较接近人物肤色的特点，创作雕刻件大部分以立体雕刻为主，题材内容有佛像、神话故事、历史人物、花鸟及动物等。采用雕刻技法如圆雕、镂空雕来体现乐清民间工匠的智慧。建筑木雕又相继发展出徽州木雕、鄂南木雕、剑川木雕形成许多地方特色的民间木雕流派。除了民间各流派木雕外，北京官式（宫廷）建筑木雕尤为突出。北京故宫建筑自明代 1406 年开始兴建一直到清代，在故宫的整个修建过程中，征集了全国各地优秀木雕工匠，融合了汉、满、蒙、藏民族特色，以及南北方各流派木雕技法精髓，加上描金彩绘，无论外檐、内檐装饰木雕都气魄宏伟、庄严绚丽，以其独特风格的装饰艺术，形成了独有的一个派系——京作木雕。

（一）京作木雕

　　京作木雕的每个建筑雕刻构件都采用优质名贵木材为基材，有紫檀、花梨、楠木等。图案造型及其考究，端庄大气、雕工精致，以象征吉祥的龙凤、福寿以及四季花鸟等为主题，根据不同的建筑部件采用不同的雕刻技法，集圆雕、镂空雕、线刻、浮雕、贴雕以及嵌雕等精细繁杂的工艺，形象生动。图 2-18 为北京官式建筑装饰木雕。

（a）垂花门

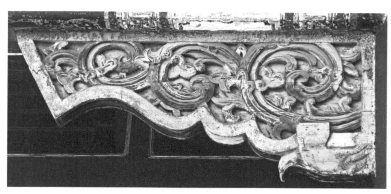

（b）雀替

（c）斗栱

（d）故宫匾额

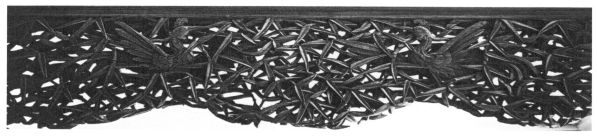

（e）故宫花罩局部

图 2-18

（f）故宫深浮雕蟠龙藻井

（g）贴雕梅花蝴蝶裙板绦环板

（h）贴雕松竹梅盒子心

（i）紫檀嵌景泰蓝夹纱窗

（j）透雕梅雀花罩

图 2-18　北京官式建筑装饰木雕

注：图（e）~图（g）摘自《内檐装饰图典》。

（二）东阳木雕

享誉中外的东阳木雕有圆雕、浮雕、镶嵌雕、贴雕、透雕、阴雕等技法类型，最具特色的是平面浮雕。题材内容多来自神话故事、历史故事和民间传说，有人物、山水、花鸟、走兽等。在艺术创作上以疏中有密、密而不闷、散点透视的传统中国画的方式为构图特点，结合运用当地特长的各种雕刻技法，雕出各种构思巧妙、美轮美奂、栩栩如生、技艺独特的艺术精品。图2-19为东阳木雕。

（a）内檐梁架雕刻　　　　　　　　　　　　　　　（b）内檐梁架、雀替雕刻

（c）花板"双鹿图"

（d）深浮雕花板"八仙"

图 2-19

（e）花板戏曲故事

（f）裙板"五子登科"

（g）雀替和合二仙"荷"

（h）雀替和合二仙"合"

（i）花板"莲莲有鱼"

（j）花板"锦上添花"

图 2-19　东阳木雕

（三）潮州木雕

潮州木雕发源于广东潮汕地区，流行于民间，有着悠久的历史，品类繁多、工艺精湛，题材内容丰富，体现了潮州木雕浓郁的地方特色。潮州木雕突出圆雕、镂空雕刻，髹漆贴金，尤其髹漆贴金工艺是潮州木雕的特点享有盛名，俗称"金木雕"。潮州木雕在建筑木雕装饰中综合运用圆雕、镂空雕、留底雕、浮雕等技法表现复杂的内容，雕刻的人物生动，栩栩如生，花鸟虫草多层镂空，玲珑剔透，详见图2-20。

（a）镂空雕戏曲故事

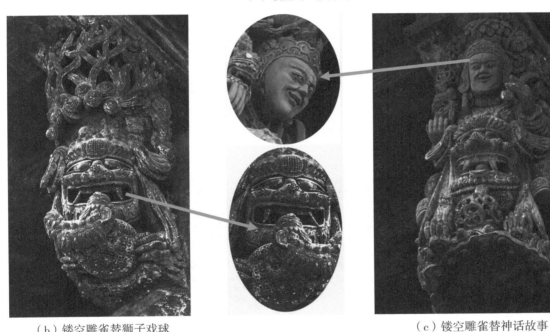

（b）镂空雕雀替狮子戏球

（c）镂空雕雀替神话故事

（d）雀替神话故事

（e）圆雕坨墩"双狮"

图2-20

（f）花板戏曲故事1

（g）花板戏曲故事2

图2-20 潮州木雕

（四）徽州木雕

自明代以后，徽商快速崛起，随着财力的增强，他们对建筑木雕的艺术追求更为强烈，使徽州木雕成为民间木雕的流派之一。徽州建筑木雕十分注重装饰，在建筑构件的月梁、额枋、斗拱、雀替、隔扇门窗、裙板、绦环板、栏板等部位以精美的木雕进行装饰。雕刻技法采用圆雕、浮雕、透雕等表现手法，题材广泛，有戏曲故事、宗教神话、民间传说、山水人物、花卉鱼虫、飞禽走兽以及各种吉祥等图案，详见图2-21。

（a）梁架外檐雕刻1

（b）梁架外檐雕刻2

（c）徽派建筑门楼外檐木雕斗栱、雀替、花板

（d）花板民间故事

（e）雀替"八仙"1

（f）雀替"八仙"2

（g）雀替"草花"

图2-21　徽州建筑木雕

（五）闽南木雕

闽南木雕以莆田木雕最为突出。传统工艺有圆雕、浮雕、透雕阴雕等，擅长精微透雕及圆雕。

闽南木雕制作工艺构思独特，图案层次生动分明，题材多表现宗教故事神、佛像，吉祥富贵等内容。在传统古建筑木雕构件中善于运用透雕、圆雕等雕刻技法，表达精巧细腻、巧夺天工。福建龙眼木雕更为出名，与其他木雕的不同之处主要在于材料取自"龙眼木"，其木质坚实细密呈色褐红，木雕作品时间越久越光亮精美。图 2-22 是福建莆田古民居雀替雕刻。

（a）闽南建筑木雕梁架雕刻

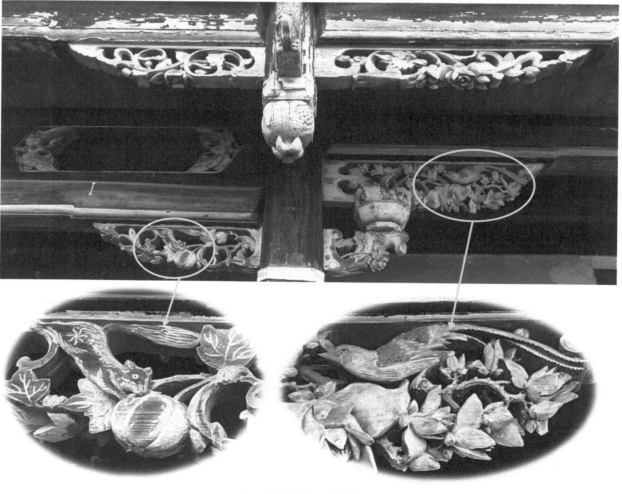

（b）闽南建筑木雕花牙子

（c）外檐装饰雕刻图案 1

（d）外檐装饰雕刻图案 2

图 2-22　福建莆田古民居雀替雕刻

（六）剑川木雕

剑川木雕是云南白族的一种雕刻艺术。据传剑川木雕自唐宋时期由中原传入大理国，集中原各流派木雕之精华，做工考究精细，题材造型和中原大致相似，体现了少数民族特有的木雕艺术。图 2-23 为剑川建筑外饰木雕和内饰镂空透雕。

（a）外饰各吉祥图案 1

图 2-23

（b）外饰各吉祥图案2　　　　　（c）内饰镂空透雕1　　　　　（d）内饰镂空透雕2

图2-23　剑川建筑外饰木雕和内饰镂空透雕

第二节　建筑木雕的功能与作用

　　建筑木雕最初是对部分构件进行木雕装饰加工，来美化建筑和满足人们审美的需要。随着社会的发展，木雕在建筑中成了不可缺少的部分，融于整体建筑中。通过雕刻这种形式将人们对生活的理想追求、对社会伦理道德的认知镌刻在建筑上，既满足人们的精神需求，也满足了人们的审美情趣。建筑木雕在雕刻技法、题材拓展等方面都有很多改革和发展，日益显示出其独特之处，在美化人们生活、陶冶性情中起到的重要的作用。中国古建筑一直以独特的木构架建造房舍，木雕不仅美化外观，还利用木雕装饰来保护部分建筑构件。详见图2-24～图2-27。

（a）山西潞安府城隍庙外檐装饰　　　　　　　　　　（b）雀替"云龙牡丹"

（c）贴雕掩饰风化梁头

图 2-24　建筑木雕外饰梁头贴雕

图 2-24 中建筑木雕外饰梁头贴雕部分雕刻掩饰了木结构单调使之更加美观，另外还可以起到防止木梁头外露风化的作用。

悬鱼是古建筑中的一个木雕构件，如图 2-25 所示。因为最初为鱼形，安装于建筑山面顶端博风板的正中脊檩头上，垂直悬挂，所以称为"悬鱼"。其作用在于保护和美化脊檩头。

（a）悬鱼"如意头"1　　　　　　　　　　　　　　　　（b）悬鱼"如意头"2

图 2-25　悬鱼

北京故宫内装饰色调非常沉稳大气，围栏精美木雕采用玉石镶嵌，天花板的雕花非常精细与整个内装饰相衬托，非常雍容华贵（图2-26）。

图 2-26　乐寿堂雕刻内饰

　　图 2-27 所示的民间建筑木雕内饰撑栱、月梁、垂花以及天井丰富多彩的图案造型，精美的雕工，体现了当时的审美情趣、身份地位和财富象征。精雕细刻的"狮子戏球"和"牡丹凤凰"的山花板，构图饱满大气，图像层次丰富而传神。

（a）闽南建筑木雕 1　　　　　　　　　　　　　　（b）闽南建筑木雕 2

（c）民间建筑内檐"八角天井"　　　　　　　　　（d）民间建筑内檐装饰木雕 1

（e）山花板"狮子戏球"　　　　　　　　　　　　（f）山花板"牡丹凤凰"

图 2-27

（g）木雕"门楼"（明成化年）

（h）民间建筑外檐装饰木雕

（i）民间建筑内檐装饰木雕 2

（j）闽南建筑外檐装饰木雕

（k）雀替

图 2-27　民间建筑木雕内饰

图 2-27 所示的民间建筑木雕装饰，大多采用了圆雕、浅浮雕、深浮雕、镂空雕等手法，刻画出寓意丰富、题材广泛、精雕细刻的木雕装饰，给整体风格增添了几分秀丽和雅致。

第三节　建筑木雕的种类与特点

一、建筑木雕的种类

中国传统建筑木雕刻根据装饰技艺特点大致可分为以下几种：混雕，浮雕，透雕，贴雕，线雕，阴雕，嵌雕，组合贴附雕等。这些手法体现了中国传统建筑木雕刻构件的样式、造型、寓意，更有内涵，更加丰富多彩。

（一）混雕（圆雕）

混雕俗称圆雕，是三维多方位的立体雕刻，可多面观赏。混雕是中国建筑雕刻中一种很重要的技艺手法，它是综合立体、浮雕、透雕和线雕等多样化手法为一体的繁缛工艺。多应用于垂花头、柁墩、斗栱耍头、雀替撑栱等，混雕技法可体现古建筑木雕的丰富多彩。

在中国传统北京四合院及南方明清时期木结构建筑中，垂花柱和柱头雕刻有莲花座形、花篮形、宫灯形等造型，采用吉祥图案、花鸟纹饰、戏曲人物等图案雕刻。北方官式建筑莲花风摆柳垂花头，每层莲花分十二瓣表示一年十二个月，风摆柳又分成十二瓣和二十四瓣，二十四瓣表示二十四节气，整个莲花风摆柳垂花代表一年十二个月二十四节气（详见图 2-28、图 2-29）。

（a）

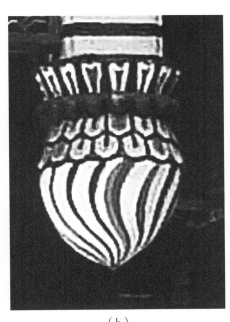
（b）

（c）

图 2-28　北方地区官作莲花风摆柳垂花头

（a）倒莲式垂花头 1　　　　　　（b）倒莲式垂花头 2　　　　　　（c）倒莲式垂花头 3

（d）花篮式垂花头　　　　　　（e）灯笼式垂花头 1　　　　　　（f）灯笼式垂花头 2

图 2-29　民间各造型独特的垂花头

　　柁墩的造型样式有很多种。外形以矩形为基础，又拓展出方墩、圆墩等。图案更加多样化，大多是吉祥图案、瑞兽等。柁墩精美复杂且雕工精细，使建筑梁枋更加丰富多彩，详见图 2-30。

（a）驼峰式柁墩 1　　　　　　　　　　　　　（b）驼峰式柁墩 2

（c）狮子柁墩

（d）荷叶形柁墩 1

（e）荷叶形柁墩 2

（f）方形柁墩 1

（g）方形柁墩 2

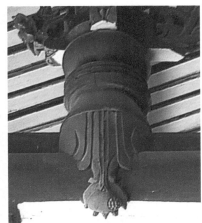
（h）荷花形柁墩

图 2-30　南北地区造型各具特色的各种柁墩

　　明清以后，斗栱构造精巧复杂繁华，形状造型不一，又是很好的装饰性构件。工匠根据斗栱的各个部件巧妙设计雕刻各种图案，有龙、凤、象、狮子、如意祥云、卷草等。图 2-31 是各种雕刻图案的斗栱。图 2-32 为梁头、要头、麻叶云头。

（a）龙头斗栱

（b）卷草斗栱

图 2-31

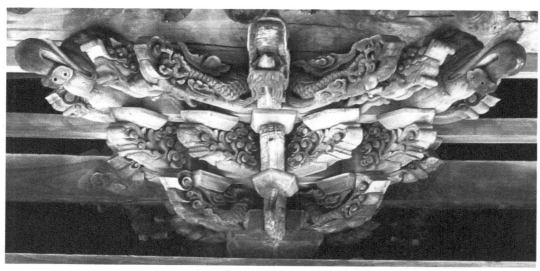

（c）龙形祥云斗栱

（d）龙头如意祥云斗栱1

（e）龙头如意祥云斗栱2

（f）如意祥云斗栱

（g）麻叶斗栱

图2-31　各种雕刻图案的斗栱

（a）龙首耍头、凤首昂嘴

（b）象首耍头、龙首昂嘴

（c）祥云梁头

（d）龙首耍头、昂嘴

（e）龙首耍头、昂嘴

（f）龙首耍头

图2-32　梁头、耍头、麻叶云头

撑栱是古建筑构件的专业术语，又称雀替、牛腿、马腿，撑栱由线条流畅简练、风格粗犷的纹饰发展到清代题材烦琐、精细。撑栱（雀替）受建筑的艺术风格、审美以及民间文化、风俗的影响，雕刻图案题材非常广泛，有龙、凤、麒麟、狮子、山水花鸟、祥瑞宝器、戏曲人物、神话故事的装饰纹祥等。丰富多彩的图案题材以及精美的雕工使建筑更为富丽堂皇，详见图2-33。

（a）镂空透雕雀替"云龙"

（b）雀替"刘海戏金蟾"1

（c）雀替"刘海戏金蟾"2

（d）雀替"鹿"

（e）雀替"麒麟"

（f）雀替"草花"

（g）雀替"草龙"

（h）雀替"草龙博古"

（i）雀替"福星"

（j）雀替"鳌鱼"

图 2-33

（k）雀替"松鼠葡萄"

图 2-33　各种图案题材造型丰富的雀替

（二）浮雕

浮雕也叫剔地雕，是建筑木雕中最常见的技法之一。这种技法可用于表现木结构上所需要的纹饰和图案，分深浮雕和浅浮雕，雕刻纹饰和图案整体浮于木构件表面之上。浮雕容易保存，不易损伤。主要体现在梁、花板、裙板、绦环板等。

1. 梁架雕刻

在传统的古建筑木雕装饰上起重要作用，通常采用深浮雕的高、低、镂等多种技法来表现。原本简单的梁架，经过柔曲精巧的外形和精美的雕刻，使古建筑变得更加有艺术情趣，详见图 2-34、图 2-35。

（a）礼贤城隍庙门头外檐木雕

（b）月梁镂空高浮雕狮子 1

（c）月梁镂空高浮雕狮子 2

图 2-34　月梁五狮图（采用镂空高浮雕）

（a）内檐装饰木雕　　　　　　　　　（b）内檐梁架、雀替雕刻

（c）内檐雕刻

（d）内檐梁架雕刻

图 2-35　南方古民居梁架剔地高浮雕

2. 剔地深浮雕花板

剔地深浮雕花板图案装饰丰富而有变化，穿插着内容丰富的人物、山水、花鸟、走兽等。经过工匠精致洗练的雕刻手法，刻画出层次丰富细腻、清秀淡雅、玲珑剔透的实用与欣赏完美结合的木雕艺术。图 2-36 和图 2-37 为南方古民居深雕花板，图 2-38 为故宫毗卢帽剔地雕。

（a）门梁花板雕刻

（b）花板雕刻 1

（c）花板雕刻 2

（d）花板雕刻 3

图 2-36　南方古民居深雕花板 1

（a）"农耕"

（b）"童趣"

图 2-37　南方古民居深雕花板 2

（a）故宫毗卢帽正面

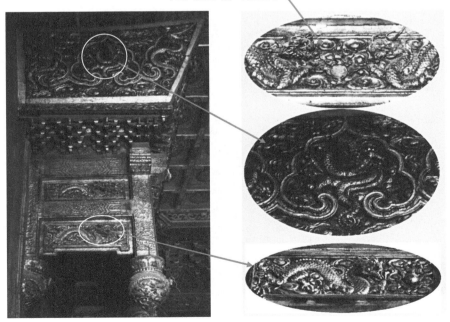

（b）故宫毗卢帽侧面

图 2-38

（c）故宫毗卢帽仰视

图 2-38　故宫毗卢帽剔地雕

3. 裙板、绦环板

　　裙板、绦环板大多应用于门与隔扇门上，是整个隔扇门除了隔心以外最为精彩的部分，通常采用各种木雕图案来装饰。雀替、花板、护墙板、挂屏等木雕内容更是丰富多彩，装饰图案多采用吉祥图案、龙凤花鸟、人物故事等多方面图案，有着丰富的内涵，渗透出中国传统文化精神。图 2-39 为故宫各种花板、裙板、绦环板，图 2-40 为故宫各种浮雕雀替，图 2-41 为南方古民居各种浮雕花板，图 2-42 为北京某宾馆装修部分剔地浮雕。

（a）裙板　　　　　　　　　　　　　　　　　　　（b）裙板绦环板

（c）缅甸花梨雕"梅花蝴蝶"

（d）缅甸花梨雕"节庆有余"

（e）裙板1

（f）裙板2

（g）故宫裙板

图2-39　故宫各种花板、裙板、绦环板

（a）雀替1

（b）雀替2

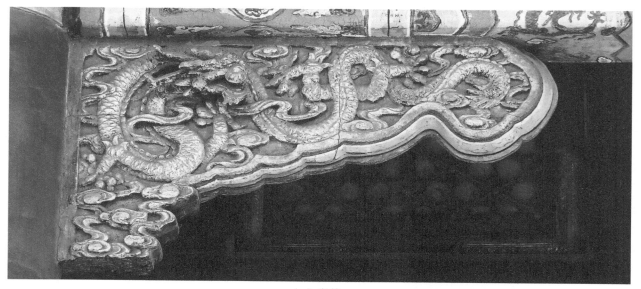

（c）雀替3

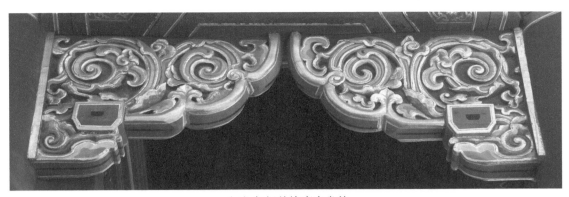

（d）午门前檐廊内雀替

图 2-40　故宫各种浮雕雀替

（a）南方古民居浮雕花板 1

（b）南方古民居浮雕花板 2

（c）南方古民居浮雕花板 3

图 2-41

（d）梁架浮雕"福禄寿喜"

（e）南方古民居浮雕"五子登科"1　　　　（f）南方古民居浮雕"五子登科"2

图2-41　南方古民居各种浮雕花板

（a）花板1　　　　　　　　　　　　（b）花板2

（c）挂屏

（d）护墙板图

（e）护墙板1

（f）护墙板2

图2-42

（g）护墙板 3

（h）毗卢帽

图 2-42　北京某宾馆装修部分剔地浮雕

（三）透雕

透雕是集锯空、镂空、透空结合的一种木雕技法。它是把雕刻图案印拓在花板上，并打孔（锯孔）然后进行雕刻。深透雕图案也丰富多样，雕刻手法比较复杂，有半立体、穿枝过梗等技法。多用于花罩、雀替等上面。普通透雕手法对工艺要求并不是很高，如挂落、花牙子、卡子、花团等。

京作倒挂楣子、花牙子、卡子、花团及花板的雕刻图案不是很繁杂，大多为吉祥图案龙凤、花鸟、回纹、草龙、卷草等。雕刻手法粗中带细，线条柔顺圆滑轮廓更加鲜明别具一格，衬托出古建筑装饰的大气稳重，详见图 2-43～图 2-52。

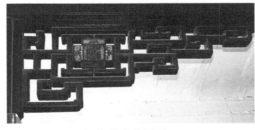

（a）故宫花牙子 1

（b）故宫花牙子 2

（c）故宫花牙子 3

（d）故宫花牙子 4

（e）故宫花牙子 5

图 2-43　故宫花牙子

（a）故宫小花板 1

（b）故宫小花板 2

图 2-44　故宫小花板

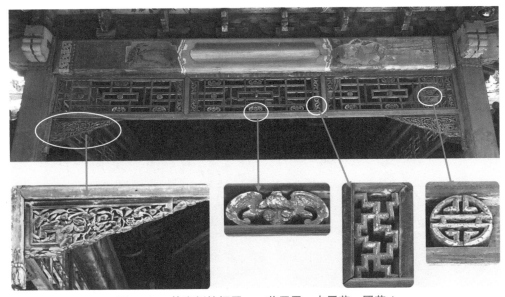

图 2-45　故宫倒挂楣子——花牙子、卡子花、团花 1

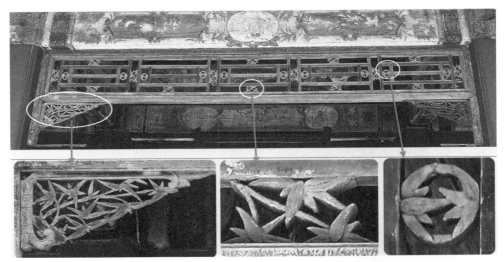

图 2-46　故宫倒挂楣子——花牙子、卡子花、团花 2

（a）故宫花板 1

（b）故宫花板 2

图 2-47　故宫花板

图 2-48　故宫寿字纹蝙蝠卡子花团花

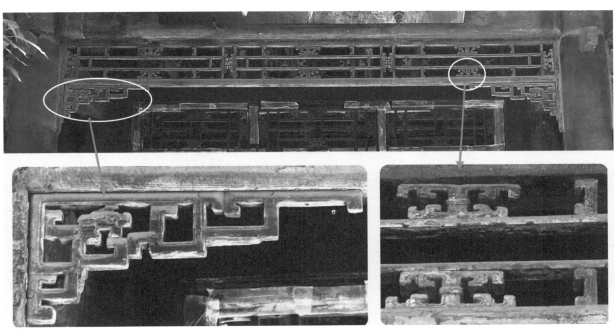

（a）故宫花牙子、卡子花

（b）故宫卡子花

图 2-49　故宫花牙子、卡子花

（a）透雕花板 1

（b）透雕花板 2

图 2-50

（c）透雕花板3　　　　　　　　　　　　　　　（d）透雕花板4

图2-50　北京某宾馆透雕花板

图2-51　团花"松竹梅"和卡子花"蝙蝠"（雕刻于2017年）

　　双面透雕是集锯空、镂空、透空等雕刻技法于一体的一种雕刻技法，大多应用在花罩、雀替等建筑构件上。造型和图案极其丰富，通常有岁寒三友、富贵白头、牡丹凤凰、喜上眉梢、龙凤等。多样化的花罩及雀替造型，经工匠的精雕细琢，使构件层次更加丰富，体现出穿枝过梗的立体艺术效果，极富艺术之美。在古建筑内装饰中具有的古朴典雅、富丽华贵之格调，显示出木雕所独具的装饰作用。图 2-53 ~ 图 2-63 为各种双面透雕构件。

图 2-52　团花、卡子花"松竹梅"（雕刻于 2017 年）

图 2-53　双面镂空雕花罩"富贵白头"（雕刻于 2013 年）

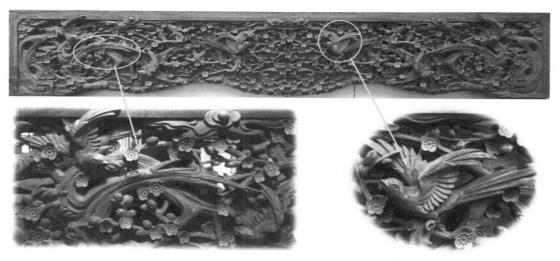

图 2-54　双面镂空透雕花罩"喜上眉梢"（雕刻于 2013 年）

图 2-55　双面透雕花罩"双凤牡丹"（雕刻于 2013 年）

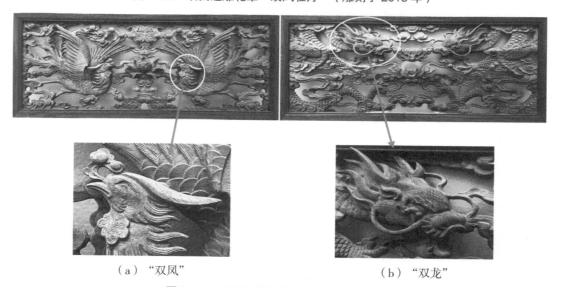

（a）"双凤"　　　　　　　　　　　（b）"双龙"

图 2-56　双面透雕匾额（雕刻于 2013 年）

图 2-57　黑檀多层镂空雕花罩"四君子"（雕刻于 2005 年）

图 2-58　黑檀多层镂空雕"孔雀牡丹"（雕刻于 2010 年）

图 2-59　河南周口关帝庙多层镂空双面透雕雀替"草龙博古"

图 2-60　河南周口关帝庙多层镂空双面透雕雀替"双龙"

（a）左侧

（b）中

（c）右侧

图 2-61　河南周口关帝庙多层镂空透雕雀替"凤凰牡丹"

（a）雀替"福"

（b）雀替"禄"

（c）雀替"草花"

图 2-62　浙西地区黄氏宗祠雀替

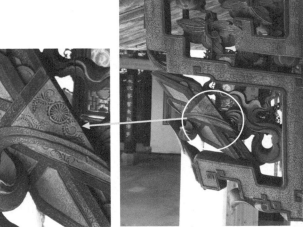

（a）雀替"琴"　　　　　　　　　　　　　　　（b）雀替"棋"

（c）雀替"书"　　　　　　　　　　　　　　　（d）雀替"画"

图 2-63　江西祝氏宗祠雀替"琴棋书画"

单面透雕在中国建筑木雕装饰应用在门窗上比较多，如格扇、槛窗、支摘窗、风门等，其中以格扇最为常见。明清时期的花窗花板，工匠们以中国传统文化忠孝仁义、吉祥喜庆、民间故事、戏曲等为题材。丰富的题材和精美雕工，寄寓人们对美好生活的向往。图2-64为东阳民居花窗。

（a）花窗1

（b）花窗2　　　　　　　　　　　　　　　　　　　（c）花窗3

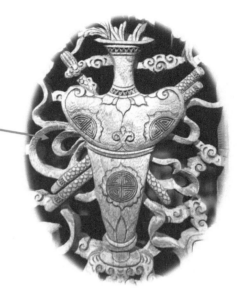

（d）花窗 4

（e）花窗 5

图 2-64　东阳民居花窗

（四）嵌雕

木雕嵌雕工艺是以木质材料为基材，然后在其基础构件的平面上镶嵌各种材料图案。一般镶嵌材料都比基础构件材料要贵重，有翠玉、象牙、彩石、贵金属、螺（嵌贝雕）以及名贵木材等。嵌雕的最大特点是使基础构件材料和镶嵌材料的颜色起反差，冷暖分明，更加富丽堂皇。常用在裙板、绦环板、匾额、屏风、家具等上，详见图 2-65、图 2-66。

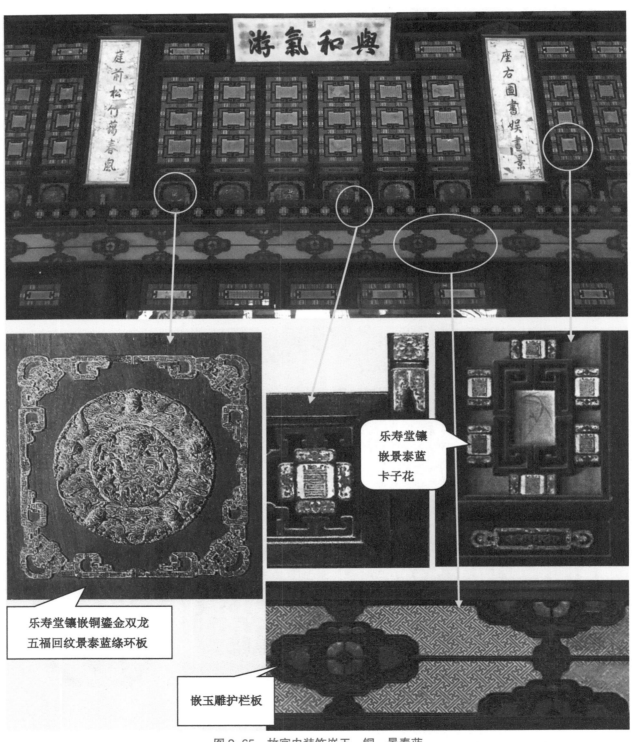

乐寿堂镶嵌铜鎏金双龙五福回纹景泰蓝绦环板

乐寿堂镶嵌景泰蓝卡子花

嵌玉雕护栏板

图 2-65　故宫内装饰嵌玉、铜、景泰蓝

图 2-66 故宫内装饰花牙子嵌景泰蓝

　　螺钿镶嵌工艺早在唐代就已盛行，到了明清螺钿工艺的发展达到顶峰。螺钿镶嵌工艺融镶嵌、雕刻、绘画于一体，均选老蚌、车磲等较为名贵的材料嵌雕而成。工匠利用螺钿五彩缤纷的颜色，每个雕刻构件设计出题材丰富多彩的螺钿镶嵌作品。螺钿镶嵌加工制作要求纤巧精工，根据雕件的需求对钿片的色彩进行巧色剥离，基材与螺钿之间裁切精准。螺钿镶嵌的品种题材广泛，大到建筑构件、家具、摆件，小到笔筒以及文房用品都有应用，图案大都以山水、人物、花鸟为主题，详见图 2-67 ~ 图 2-71。

图 2-67 嵌螺钿雕屏风

图 2-68　嵌螺细雕鼓凳

图 2-69　嵌螺细雕条屏

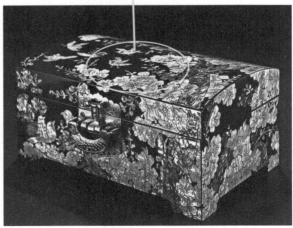

图 2-70　嵌螺细雕饰盒

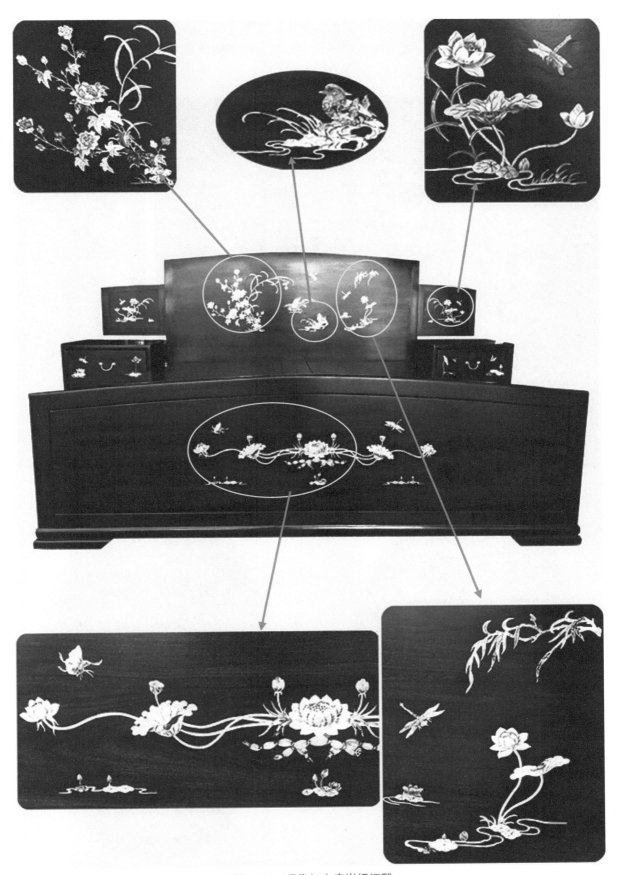

图 2-71　现代红木床嵌螺细雕

百宝嵌是木器制品上的一种高档装饰工艺。制作上极其考究，以不同质感和色彩的材料嵌入木器加以雕刻，令器物形成强烈的视觉对比，焕发精妙绝伦的华丽风采。豪奢华丽、鹤立鸡群的百宝嵌，具有镂金错彩之美，详见图 2-72 ~ 图 2-74。

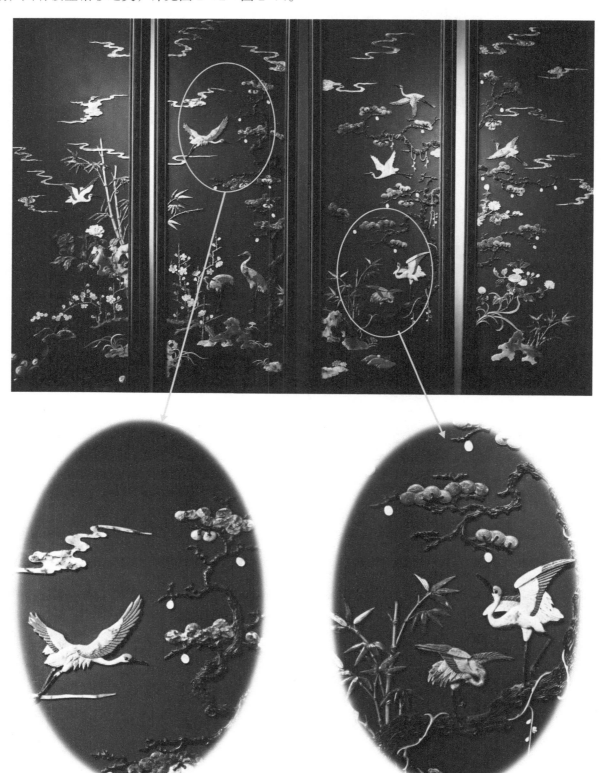

图 2-72　百宝嵌花鸟四条屏

图 2-73 紫檀笔筒嵌象牙宝石

（a）嵌银丝果盘"回纹蝙蝠"

图 2-74

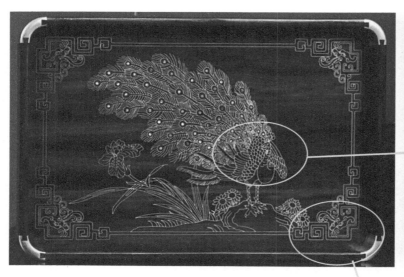

（b）嵌银丝果盘"回纹孔雀"

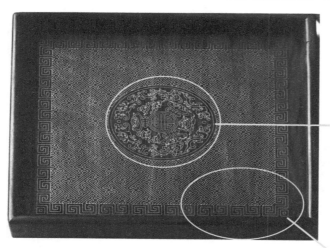

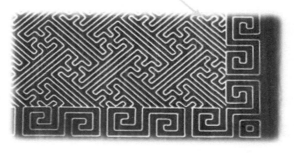

（c）嵌银丝果盘"万字底寿字"

图2-74　嵌银丝果盘

（五）贴雕

贴雕从字面上可以理解为贴上去的，给人感觉是一种比较简易的办法，但其实贴雕是一种非常复杂的工艺，可分为简易贴雕、贴附雕。简易贴雕即将雕刻好的图案纹样直接粘贴到建筑构件表面，通常一些大面积难以做整体的雕件、构件都利用贴雕来完成。其制作工艺简单方便，而且视觉效果不逊于其他浮雕形式，一般用在天花吊顶上。贴附雕是指在构件基料原有的高度或厚度上局部粘贴相应的材料，然后进行加工雕刻，常用在梁、雀替、花罩等上。

北京官式建筑中的贴附木雕，其局部贴附雕刻使整个雕刻件更加立体，体现出动感、质朴、敦厚、大气的精美雕刻，详见图 2-75 ~ 图 2-78。

（a）故宫贴雕裙板、绦环板

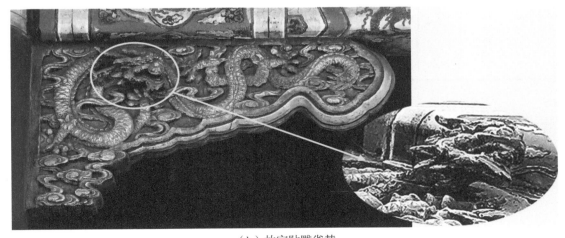

（b）故宫贴雕雀替

图 2-75　故宫贴雕裙板、绦环板、雀替

（a）宁寿宫单层贴雕斗匾　　　　　　　　　（b）养性门单层贴雕斗匾

图2-76　故宫单层贴雕斗匾

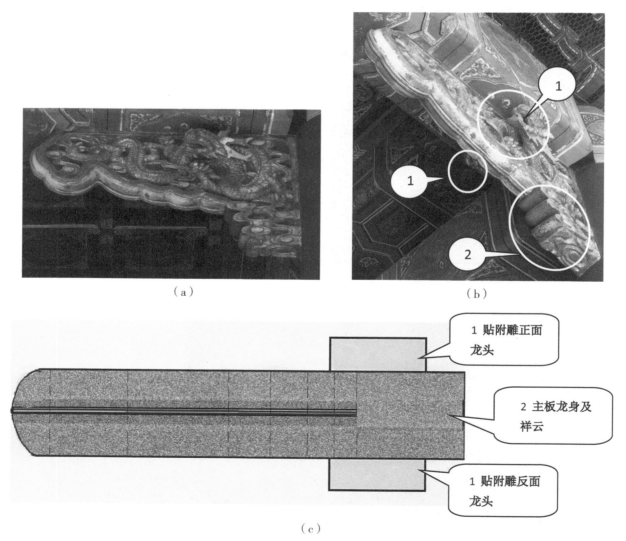

（a）　　　　　　　　　　　　　　　（b）

1 贴附雕正面龙头

2 主板龙身及祥云

1 贴附雕反面龙头

（c）

图2-77　故宫单层贴雕雀替

（a）故宫贴雕雀替和花板

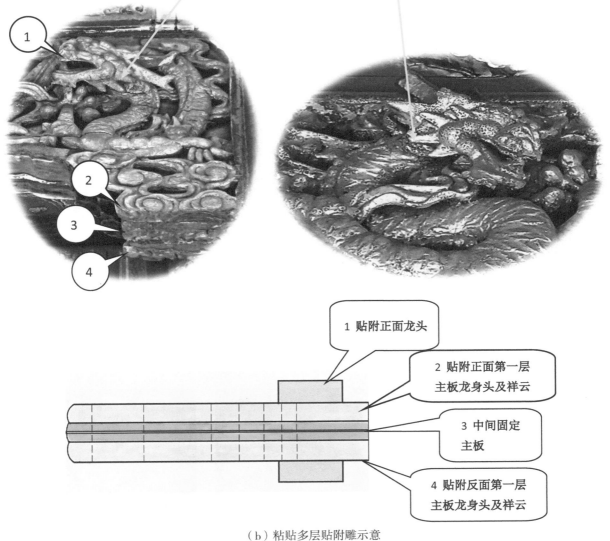

1　贴附正面龙头

2　贴附正面第一层
主板龙身头及祥云

3　中间固定
主板

4　贴附反面第一层
主板龙身头及祥云

（b）粘贴多层贴附雕示意

图 2-78　故宫多层贴雕雀替

多层叠加贴附镂空雕是根据雕件的构图布局，进行多层贴附，错落有致、疏密有序地叠加贴附雕刻，使之枝叶盘旋缠绕，牵连牢固，层次丰富多彩，利用精良的雕工刻画出更加立体生动的各种雕件，详见图 2-79 ~ 图 2-84。

图 2-79　黑檀组合贴附雕花罩"樱花枫叶"（雕刻于 2006 年）

图 2-80　黑檀 + 花梨木、紫檀、黄杨木组合贴附雕（雕刻于 2006 年）

图 2-81　花罩贴附组合雕 "牡丹凤凰"（雕刻于 2013 年）

图 2-82　贴附镂空雕牡丹花板（雕刻于 2010 年）

153

图 2-83　贴雕蟠龙藻井

（a）花贴 1

（b）花贴 2

图 2-84　吊顶灯花贴

（六）阴雕

阴雕也叫沉雕，内容大多为四季花卉、博古、卷草等吉祥图案。其工艺特点在木材的表面上刻入形成凹陷，图案线条内侧低于材质平面，采用各种不同雕刻手法雕刻出线条深浅起伏的图案，其效果与浮雕相反。阴雕的另一种分支称为线雕，利用雕刻刀代替传统中国画写意线条造型笔法，刻画出各种线条的深、浅、虚、实，刚柔相应的精美图案。建筑上应用阴雕工艺，要求工匠以深厚的雕刻功底，刻刀刀锋苍劲有力、鲜明柔顺地刻画出雕件，来衬托建筑与雕件之间相互对应的美感。阴雕通常经过上色描金髹漆来体现阴雕的工艺效果，广泛用于不同材质木、石、竹雕等。木雕阴雕常见于古建筑梁架、斗栱、裙板以及家具、字匾等，详见图 2-85 ~ 图 2-90。

图 2-85　阴雕横切面雕法示意

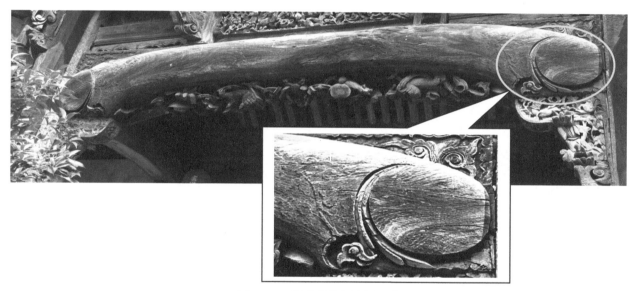

图 2-86　明代成化年月梁阴雕

（a）月梁阴雕"凤凰"　　　　　　　　　　　（b）月梁阴雕卷草

图 2-87　清代月梁阴雕

（a）梁架阴雕

（b）阴雕斗栱

图 2-88　明代成化年梁架雕刻

图 2-89　明代成化年字匾

图 2-90　清光绪年进士字匾

铲阴花是阴雕的另一种雕刻技法，要求以工带写，以刀代笔，凹刻各种图案虚实相映，体现出兼工带写意境的阴雕作品，如图 2-91～图 2-93 所示。

图 2-91　阴雕凤堂太寿

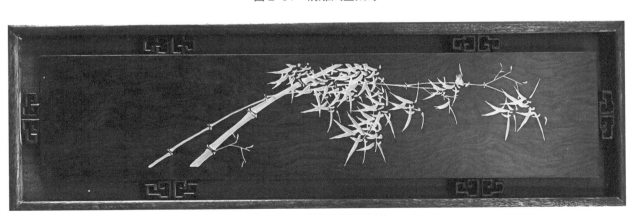

图 2-92　铲阴花条屏竹子

（a）铲阴花写意博古"兰"

（b）铲阴花写意博古"菊"

图 2-93　铲阴花花兰菊图

　　图 2-94 ~ 图 2-97 晚清时期阴雕四季花鸟，图案设计造型完美线条自然流畅、苍劲有力、刚柔相应，雕工雕刻刀法深浅适中，刀锋恰到好处，体现了当时技师深厚的雕刻功底。

　　抹金（灰）阴雕是另外一种阴雕加工技法，基料要先上完漆，然后用各种雕刻刀具经过凿、铲、割等雕刻手法刻出图案，最后根据不同的需求抹上灰泥或金泥，更加体现出雕刻图案线条的深、浅、虚、实，详见图 2-98。

　　木雕刻大致就以上几种种类。在实际的过程中，单一的雕刻方法已经不能很好地表现建筑的文化特点，实际中多半是综合运用多种雕刻技法以达到更好的表现效果。

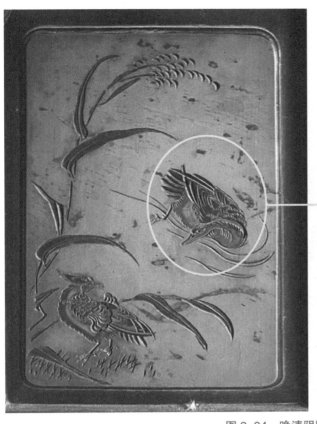
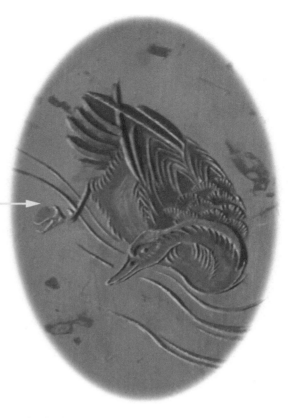

图 2-94 晚清阴雕四季花鸟鸳鸯

图 2-95 晚清四季花鸟柳莺

图 2-96　晚清阴雕四季花鸟鸡

图 2-97　晚清阴雕四季花鸟鹰

（a）　　　　　　　　　　　　　　　　（b）

图2-98　晚清"写意博古"抹金阴雕

二、建筑木雕的特点

中国木雕工艺历史悠久，木雕是从木工中分离出来的一个工种，是传统民间手工艺之一，有着传统的民族特色。建筑木雕随着社会的发展，又相继形成许多地方特色的民间木雕流派：东阳木雕、乐清黄杨木雕、福建龙眼木雕、潮州金漆木雕、徽州木雕、鄂南木雕、剑川木雕。各流派集圆雕、浮雕、透雕、贴雕、线雕、阴雕、嵌雕、组合贴附雕等工艺技法。建筑木雕一般选用质地细密、不易变形的树种如红松、椴木、香樟木、紫檀、花梨、楠木、红木、柏木、水曲柳、榉木、云杉、红豆杉、银杏木、桧木等。工匠们利用优质的材料，将精雕细刻的木雕工艺淋漓尽致地呈现在建筑上，显示出木雕工艺在建筑上起到的独特的古朴典雅、富丽堂皇的装饰作用。

第四节　建筑木雕的制作与安装

一、建筑木雕的制作材料及工具

（一）制作材料

1.建筑木雕原材料

建筑木雕随着建筑的定型而产生。雕刻技师和木工技师相辅相成、紧密结合，木工从大木作到小木作，根据建筑需求进行取料，加工成雕刻基料。雕刻基料材质选取是非常重要的一个环节，它决定最后木雕成品的品质。建筑木雕以观赏性为主，在木雕基料选取时，因木材在自然生长环境中及砍伐后出现各种瑕疵，故要根据各种基料木材的构造、密度、干湿度、腐朽、开裂、虫蛀、树节、纹理等，进行选材取料。建筑木雕主要以用红松、椴木、香樟木为主，其次根据建筑设计的需求也有用紫檀、花梨、楠木、红木、柏木、水曲柳、榉木、红豆杉、银杏木、桧木等。图 2-99 ~ 图 2-110 为各种木材断面。

图 2-99　小叶紫檀

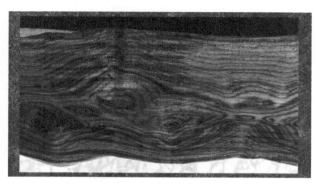

图 2-100　海南黄花梨

图 2-101　缅甸花梨

图 2-102　楠木

图 2-103　榉木

图 2-104　桧木（越南）

图 2-105　椴木

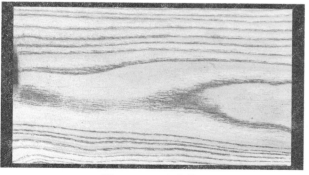

图 2-106　水曲柳

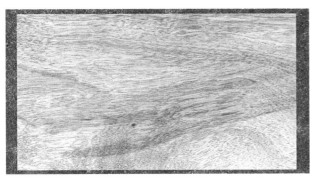

图 2-107　香樟木

图 2-108　柏木

图 2-109　红松

图 2-110　红豆杉

2. 木材基本特征

木材的直立面分梢材（树梢）、中材（树中）、根材（树根），梢材部分由于材质松软且梢枝形成树节子多，容易变形不利于雕刻。中材处于树的中间位置，树节子少，木纤维均匀，属于整棵树利用价值最高的部分。根材介于地面到树干 60cm 左右位置，由于树木生长特性及环境因素，根材木纤维会出现扭曲错乱而且含水量高，容易开裂变形，不建议开板材雕刻，一般可用于圆雕佛像之类雕刻。图 2-111 为梢材、中材、根材示意。

木材的横切面分心材（髓心）、中材（二道材）、边材（白皮）。木材心材中的纹孔较小，多数都是闭塞的，颜色比其他部分要深，心材水分蒸发较慢，极容易开裂变形，所以不建议作为建筑雕刻部件。中材（二道材）处于心材与边材中间，中材部分的材质木纤维均匀顺畅，密度含水量相对平均适合开板材，该部分取的材料稳定性好不易变形、开裂。边材（白皮）介于树皮与二道材之间，其颜色较浅俗称"白皮"，植物在生长中由边材逐渐形成木质，由于该阶段边材还没完全转化为木质，质地嫩含水量高，所以该部分木质易开裂、变形，不适应做雕刻使用。图 2-112 为心材、中材、边材示意。

3. 木材锯切

一般雕刻用料取整树的中材部分，其切割方式根据不同建筑构件的要求来进行。处于中材部分的木料，内部的结构和纹理相对比较固定，但是不同的锯切方法，会得到不一样的物理性能和不同的木材纹理，而且对日后木材的物理变化会有很大程度上的影响。比较传统的锯切方法大致分两种方式，即弦切和径切。

（1）弦切

弦切就是垂直于树干断面顺着木材纹理方向的半径来锯切。弦切操作最简单，出材率高，最具成本效益。锯出的木板宽，部分板材会出现"大花纹"或"山水纹理"等。但弦切收缩性比较大容易变形，会出现卷翘、扭曲的变形现象，可以采用木材烘干、挤压等方法来调整。弦切材比较适合做透雕和镂空雕，因为透雕、镂空雕会把大部分板材的纵向和横向木纤维切断，详见图 2-113。

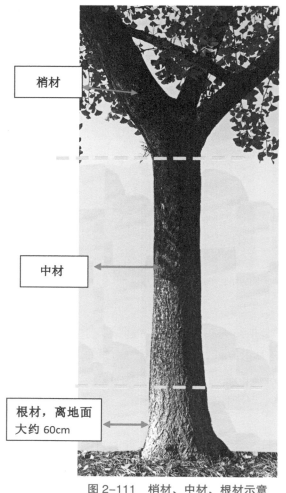

图 2-111 梢材、中材、根材示意

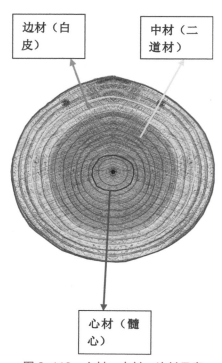

图 2-112 心材、中材、边材示意

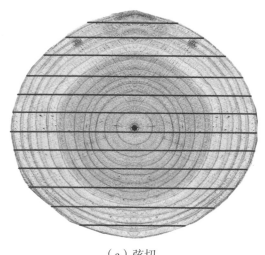

（a）弦切

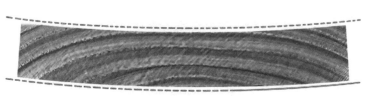

（b）弦切横切面纹理及收缩变形

（c）弦切纵向纹理及卷翘、扭曲的变形现象

（d）弦切平面纹理"大花纹"

图2-113 木材弦切

（2）径切

径切是将木料锯成四部分后再进行锯切。径切板材宽度较小纹理多为直纹，其性质稳定变形小，适用于做剔地雕（落地雕）、浮雕等，详见图2-114。

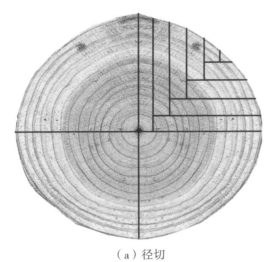

（a）径切

（b）径切横切面纹理

（c）径切纵向侧面纹理

（d）径切纵向正面纹理

图2-114 木材径切

4. 木材干燥

新锯出来木料含水量很高，不经过干燥处理会出现开裂、翘曲变形。木材的干燥方法可分为自然干燥和人工干燥。干燥后材料含水率控制在10%～15%之间。

（1）自然干燥

将新锯切的板材自然码放在通风处不要叠加，因新锯出来木材表面水分多，叠压码放会使叠压面长霉发黑。将木料两头封上蜡、胶水或油漆，减少木材两头开裂。自然干燥2～3天，然后将木材

"井"字形交错堆积，叠放在太阳光不能直射的通风处，叠放时木材之间留有一定空间，便于空气通过。自然干燥周期比较长，板材厚度在3cm以内一般5~6个月，厚度3~6cm要一年以上。自然干燥的材料时间越长稳定性越好。自然干燥详见图2-115。

（2）人工干燥

人工干燥方法可分为两类：①对流加热窑、箱式干燥；②电解质加热微波干燥和高频干燥。常规木材干燥一般用对流加热的箱式干燥为主。特种高端家具料采用电解质加热微波干燥。

人工木材干燥工作原理如下。干燥初期温度逐渐加高，蒸发木材表面的水分，使表层的含水率低于木材内部，其内部的水分向表层移动。干燥的中期和后期，当窑或箱内温度逐渐加到60℃左右时，要恒温控制在当前温度保持7~10天时间，让木材内部水分充分挥发。烘干时间取决于料厚薄常规板材在7天左右。

自然码放晾干表面水分，木料两头封蜡

（a）新锯切的板材自然码放　　　　　　　　（b）木料两头封蜡

纵横叠压码放，离地面大约20cm，料与料之间留有一定的空隙让其通风

（c）纵横叠压码放

图2-115　自然干燥

5. 雕刻基料筛选

根据不同建筑部件的雕刻需求，选取的雕刻基料也有区别。尽量利用中材（二道材）部分。弦切或径切要根据雕件的需求来决定，雕刻用板材必须无髓心、无开裂、无腐朽、无虫蛀，俗称"四无料"。树节分活节和死节，树节要根据雕刻件要求而定。

（1）无髓心

髓心位于木材中心部分，褐色海绵状，水分含量高，与周边材质密度有一定差异，容易开裂变形。图2-116是髓心材示意。

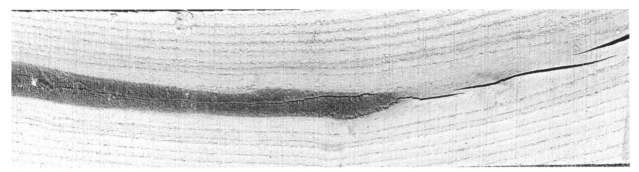

图2-116 髓心材示意

（2）无开裂

木材锯开后会由于受到空气的干湿度、温度的影响而开裂，这种开裂一般会随着气候变化反复循环开裂，详见图2-117。

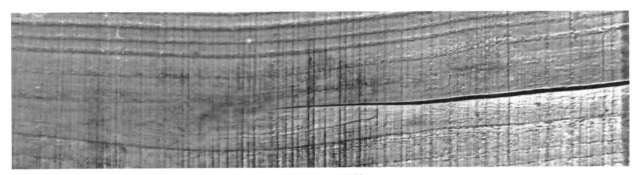

图2-117 开裂

（3）无虫蛀

虫蛀分两种：一种是树木在活体时就受到蛀虫的侵害，留下枯死虫眼；另一种是木材在储存时不通风受潮而生虫。图2-118是虫蛀示意。

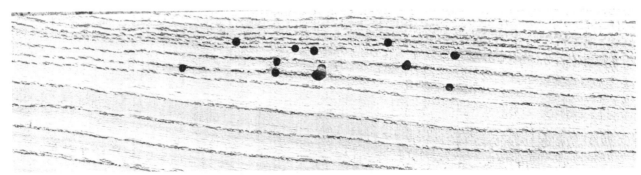

图2-118 虫蛀示意

（4）活节和死节

活节是指生长在树干上成活的分枝，树木砍伐后切除分枝后留下的树节，如图2-119所示。活节与周边木材纹理基本接近，树节的构造纹理和树节对木材本身影响不大。

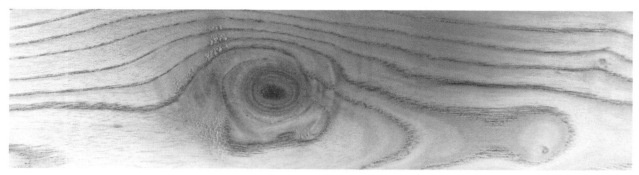

图 2-119　活节

死节是指树枝枯死后留下的树节，如图 2-120 所示。死节周围的材质会出现虫蛀、腐朽、干枯现象，一般有死节的材料都不建议用。

图 2-120　死节

建筑木雕对木质基料的选择运用非常重要。根据建筑构件不同部位选用各种不同密度材质的木料。总体要求木纤维结构要紧密细腻，具有一定的强度与韧性，以保证雕刻好的建筑部件不轻易变形、开裂。

（二）木雕工具

1. 木雕手工工具

木雕手工工具可分毛坯凿、修光凿两大类，如圆凿、平凿、翘头凿、三角凿（V 形凿）及各种特制异形刻刀等，从小凿到大凿有一百多种。刀身长度由雕刻构件的深浅厚薄决定，包括榔槌、手斧、磨刀石、钢丝锯（铜丝锯）等。各种木雕手工工具详见图 2-121 ~ 图 2-128。

躺圆凿

图 2-121　毛坯圆凿、躺圆凿

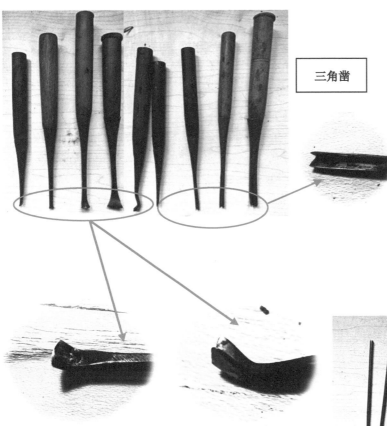

三角凿

特殊定制翘头凿和
翘头三角凿应用于
深雕或深镂空雕

图 2-122　毛坯翘头凿、三角凿（V 形凿）

图 2-123　闽南地区雕刻刀

图 2-124　修光雕刻刀

图 2-125　磨刀石

图 2-126　榔槌

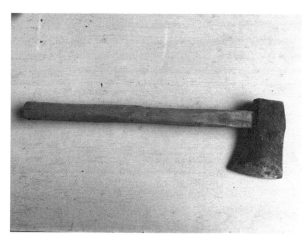

图 2-127　手斧

　　手工钢丝锯是木雕不可缺少的一种工具，广泛应用于木雕透雕和镂空雕，采用毛竹或杉木条为锯弓原材料，具体操作方法详见透雕、镂空雕工艺流程。锯弓长度 100～120cm 左右，钢丝长度与直径根据加工木雕的大小厚薄而定，如钢丝长度 40～50cm，直径选用 $\phi0.6$mm、$\phi0.8$mm、$\phi1.0$mm 等型号。手工钢丝锯锯齿有二路齿、三路齿和四面齿，二路齿具体制作方法详见图 2-128。

开锯凿碾磨时上角
为45°左右，下角
为120°左右

45°
120°

（a）钢丝锯开锯凿

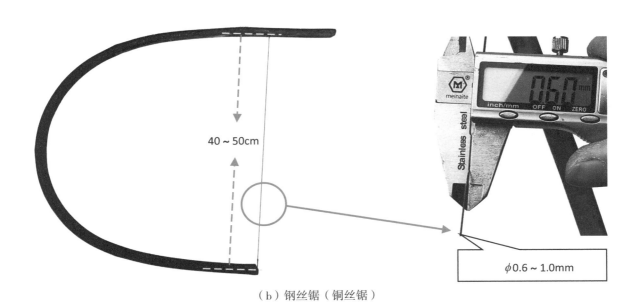

ϕ0.6 ~ 1.0mm

40 ~ 50cm

（b）钢丝锯（铜丝锯）

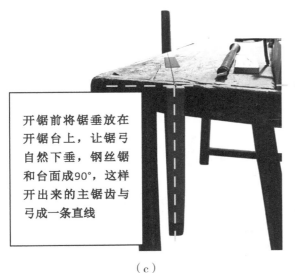

开锯前将锯垂放在
开锯台上，让锯弓
自然下垂，钢丝锯
和台面成90°，这样
开出来的主锯齿与
弓成一条直线

（c）

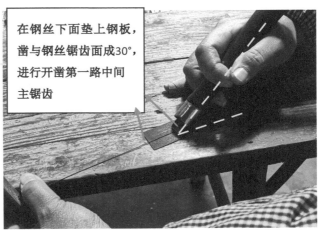

在钢丝下面垫上钢板，
凿与钢丝锯齿面成30°，
进行开凿第一路中间
主锯齿

（d）

钢丝锯和垂直面成
30°的状态下进行
开边齿（锯路）

（e）

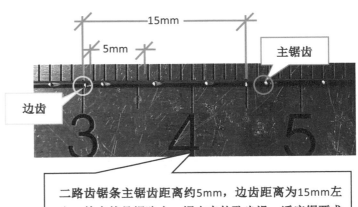

15mm

5mm

主锯齿

边齿

二路齿锯条主锯齿距离约5mm，边齿距离为15mm左
右，特点就是锯路小，锯出来的孔光滑，适应锯要求
高花板较小的雕刻品

（f）

图 2-128

171

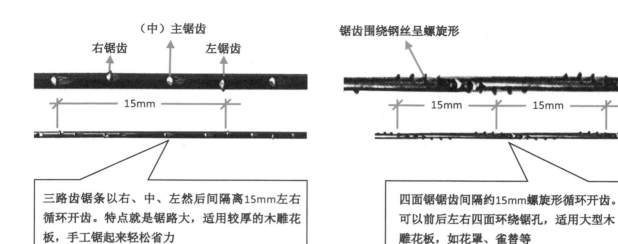

（中）主锯齿

右锯齿　　左锯齿

锯齿围绕钢丝呈螺旋形

15mm

15mm　15mm

三路齿锯条以右、中、左然后间隔离15mm左右循环开齿。特点就是锯路大，适用较厚的木雕花板，手工锯起来轻松省力

四面锯锯齿间隔约15mm螺旋形循环开齿。可以前后左右四面环绕锯孔，适用大型木雕花板，如花罩、雀替等

（g）

（h）

图2-128　手工钢丝锯（铜丝锯）制作

2. 机械工具

木雕机械工具有高速电磨、电锯、锣机（修边机）、电动拉花机、台钻、手电钻、角磨机（磨光机）等，详见图2-129~图2-135。

图2-129　电动拉花机

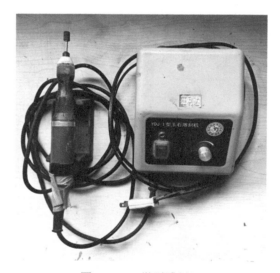

图2-130　微型雕刻机

图2-131　高速电磨

图2-132　锣机

图 2-133　链条锯

图 2-134　角磨机（磨光机）

（a）电脑数控雕刻机

（b）电脑数控雕刻机加工场景

图 2-135　电脑数控雕刻机

二、建筑木雕加工制作

（一）工艺流程

雕刻加工制作流程可分为取基料、设计、打坯、修光、打磨（清刀雕除外）。图 2-136 为雕刻生产场景。

1. 雕刻基料选取与图案设计

木材经过多道加工工序及筛选，按各建筑雕刻部件的尺寸要求，因建筑木雕的尺寸由木工与雕工共同进行分类选取基料。落地雕、浮雕类的木雕选取径切"四无料"。清刀雕件不允许有树节。对上漆或上彩的雕件，允许有少量直径不大于 1cm 的活节或死节。圆雕、透雕、镂空雕弦切或径切都可以，允许少量直径不大于 1cm 的树节。图 2-137 为基料选取备用示意。

图 2-136　雕刻生产场景

雕刻基料选取完成后，必须做到材料六个面平整光滑无瑕疵，存放在通风干净处备用

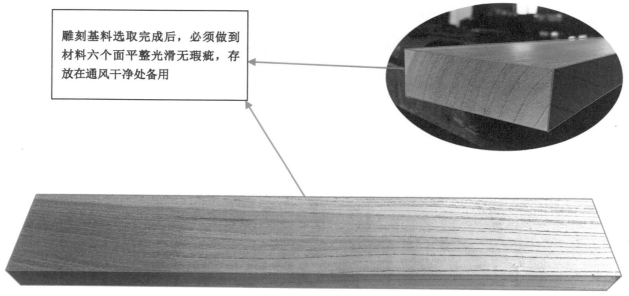

图 2-137　基料选取备用示意

建筑木雕以装饰性为主，题材内容丰富多彩，多为中国传统吉祥图案，有人物、山水、花鸟、走兽及历史故事和民间传说等。图案设计在木雕工艺中十分重要。在整个雕刻制品中直接关系到一件作品的优劣。雕刻图案设计者大多由熟悉木工、雕刻技艺，掌握绘画技术，而且具有一定实践经验的雕刻师或匠人担任。设计每件建筑构件时，都要经过反复的构思，图案设计要围绕整体建筑的艺术形式和构造需求，图案布局合理内容要丰富、优美，达到每个建筑构件与整体建筑造型互相协调。

传统木结构建筑都有固定的结构造型，尺寸及图案随建筑结构大小而定。雕刻图案的设计有两种方式：一种是先取材后设计图案，将已定型取好的建筑构件，根据构件造型及木材本身形态纹理，进行构思设计雕刻图案；另一种是按建筑部件的尺寸先设计图纸，然后根据设计图纸的需求选取适合的雕刻基料。图 2-138 为建筑构件裙板基料与图纸。

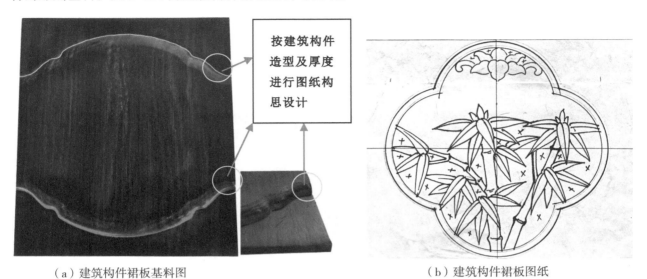

（a）建筑构件裙板基料图　　　　　　　　　　（b）建筑构件裙板图纸

图 2-138　建筑构件裙板基料与图纸

建筑木雕的部分构件所处位置较高，如梁、枋、撑栱、斗栱、雀替等，由于欣赏角度由下向上昂视的关系，雕刻设计与制作时，应考虑到人与景物的视角呈一定的角度。图 2-139 为建筑木雕视觉效果。

图 2-139　建筑木雕视觉效果

2. 打坯、修光

木雕品质的好与差关键取决于打坯。将设计好的图纸贴或复印在平面板材或整木上，经过雕刻师的雕凿，由平面基材转化为半立体和立体的木雕坯胎。无论浮雕、透雕、圆雕，都要根据图纸将画面景物相应的轮廓线雕凿出来。浮雕将轮廓线以外无图案部分雕凿并落地到相应的深度；透雕、圆雕用雕刻凿或钢丝锯去除图案轮廓线以外部分，然后按图案雕凿出相应高低、深浅的层次，分出图像比例和大体的结构，雕凿出图纸中景物的方向块面，雕刻术语为"劈方向"，此时整幅雕件图案基本定型浮现出来。最后根据劈好方向块面的各种景物进行粗雕细分，局部细节处理。细节处理时要对雕刻物体保留一定的余量，避免修光时出现雕刻物体过小变形。打坯的技术要求是：按图纸的景物内容要求，做到层次分明，凿迹清晰，整幅雕件前后上下要协调。打坯操作场景如图 2-140 所示。

图 2-140　打坯操作场景

修光是雕刻制作的最后工序。在打好毛坯的建筑木雕构件上，循序渐进地进行精雕细凿，修除毛坯刀痕及其他木渣杂质，使整个雕件各种景物达到造型美观、生动鲜明，修饰完整光洁有质感。最后用三角刀（凿）进行细雕处理，刻画各种人物发髻、动物毛发、植物的叶脉等等线条。修光的技术要求是：线条流畅正直，底子平滑无刀痕。各种景物自然、逼真、生动。图 2-141 是修光完成后的构件，图 2-142 是修光操作场景。

图 2-141　修光完成后的构件

图 2-142　修光操作场景

（二）加工制作

根据建筑部件不同装饰要求，建筑木雕有圆雕、浮雕、镂空雕（双面雕）、组合贴附雕等多种不同的雕刻技法。

1. 圆雕工艺流程

圆雕贴图纸（复印），雕刻师在取好的基料上大致构画轮廓造型或贴上图纸，就开始雕刻粗坯、实坯、修光（细雕）、打磨（清刀雕除外）等工序。圆雕打粗坯可根据不同需要，轮换使用手锯、电锯、砍斧、毛坯大躺圆凿、平凿，犹如画素描一样画轮廓，用大雕刻凿顺木纹方向切除，凿与木纹和基料平面各成 30°～40°角度下切，这个角度去料不会雕刻过深使木材裂开，把多余的木料大块面切除，雕成初具雏形的粗坯。在粗坯基础上进行雕实坯，雕实坯即把雕刻件各部位细节轮廓雕刻成型。实坯雕刻基料要留有余地进行修光（细雕）、打磨。

例如垂花头的加工流程为：取基料，画中心线，贴图，粗坯，实坯，修光（详见图 2-143）。

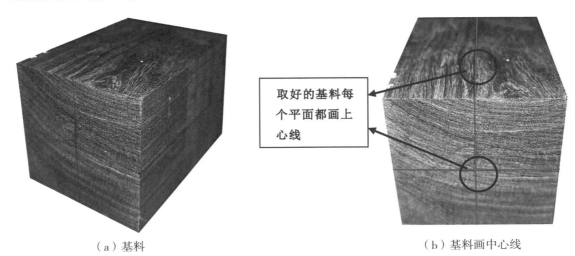

取好的基料每个平面都画上心线

（a）基料　　　　　　　　　　　　　　（b）基料画中心线

图 2-143

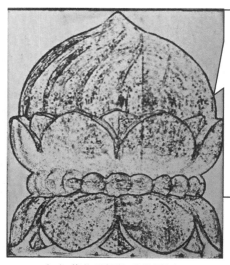

每层莲花分十二瓣表示一年十二个月，风摆柳又分成十二瓣和二十四瓣，二十四瓣表示二十四节气，整个莲花风摆柳垂花代表一年十二个月二十四节气

（c）莲花风摆柳垂花图纸

将贴图纸贴在基料上。锯除基料红色部分

（d）锯粗坯雏形

将锯好的粗坯雏形进一步雕凿成粗坯

雕刻凿基料平面成30°～40°角度下切

雕刻凿与木纹成30°～40°角度下切

（e）粗坯雏形

（f）粗坯雕凿加工

粗坯雕凿成垂花头大致外形

在粗坯上描绘风摆柳细节线条，可以分成十二瓣或二十四瓣

描绘细节线条，每层莲花分十二瓣或两层相加十二瓣

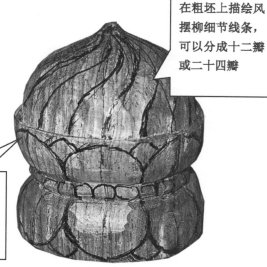

（g）粗坯完成

（h）粗坯描线

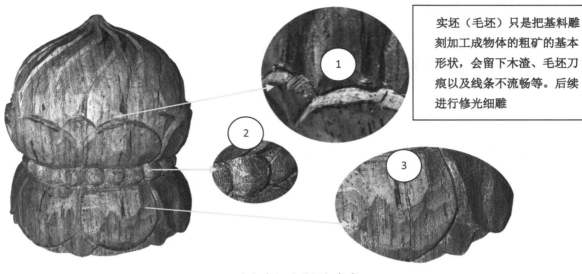

实坯（毛坯）只是把基料雕刻加工成物体的粗矿的基本形状，会留下木渣、毛坯刀痕以及线条不流畅等。后续进行修光细雕

（i）实坯（毛坯）完成

（j）修光完成成品垂花头

图 2-143　垂花头的加工流程

2. 浮雕工艺流程

浅浮雕统称平面浮雕，是应用最为广泛的雕法。因雕刻深度的不同，浮雕分为浅浮雕和深浮雕两种不同的技法。在深浮雕的基础上又演变出镂空深浮雕技法。深浮雕主要应用于建筑中屋架装饰，因装饰需要雕刻部分需高于建筑材料同一平面而得其名。

（1）浅浮雕

浅浮雕一般深度在 20mm 以内，要根据雕件的大小图案变化来确定雕刻深度。如同一图案在 50cm 见方的木板上雕刻出的效果是浅浮雕，该图案缩小在 20cm 见方的木板上雕刻出的效果是深浮雕，故浅浮雕深度没有一定标准。技术要求以保留平面为主，线面结合进行雕饰，刀法精练，疏密有序，景物线条流畅自然，做到浅而凸现立体感。

首先将图纸复制到雕刻基料上，根据雕件的厚薄深浅，沿图案的轮廓留余量将空白处垂直凿去，并用翘头凿剔去多余木料进行剔地（落地），现代利用电动工具锣机清地。图案设计要求有两种：一种是剔地深度一样；另一种是图案设计有地平线的，在地平线以外清地深度一样，其他部位沿图案透视清地深浅不一。在雕粗坯时要注意图案景物之间穿插深浅的层次关系，局部位置要镂角。图 2-144 为浅浮雕加工流程，图 2-145 为故宫浅浮雕裙板、雀替，图 2-146 为南方建筑构件浅浮雕。

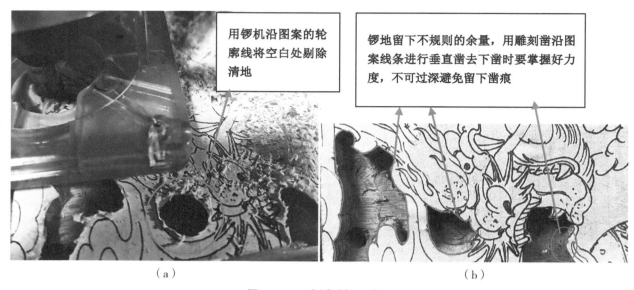

用锣机沿图案的轮廓线将空白处剔除清地

锣地留下不规则的余量，用雕刻凿沿图案线条进行垂直凿去下凿时要掌握好力度，不可过深避免留下凿痕

（a）　　　　　　　　　　　（b）

图 2-144　浅浮雕加工流程

（a）浅浮雕花板（雕刻于 2015 年）

（b）浅浮雕裙板

（c）浅浮雕雀替

图 2-145　故宫浅浮雕裙板、雀替

图 2-146 南方建筑构件浅浮雕

（2）深浮雕

深浮雕是垂直于雕刻基料深挖并留底，也称为深雕或镂空深雕。根据雕刻部件大小的需求，深度一般在 20～100mm。深浮雕综合圆雕、浅浮雕、镂空雕等雕刻技法，使雕刻景物更加立体。镂空深浮雕利用圆雕的技法将景物做压缩变形处理，正面看是圆雕立体，而侧面的立体图像经过压缩，所以对侧面的雕刻要求略低些，能达到整个雕件的视觉要求即可。图 2-147～图 2-150 是各种深浮雕。

图 2-147 故宫深浮雕

图 2-148 东阳木雕深浮雕

（a）条屏"梅"　　（b）条屏"兰"　　（c）条屏"竹"　　（d）条屏"菊"

图 2-149　深浮雕条屏《梅兰竹菊》

（a）

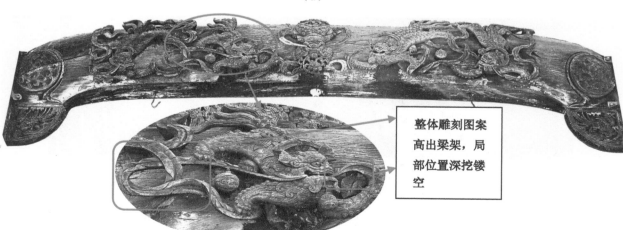

整体雕刻图案高出梁架，局部位置深挖镂空

（b）

图 2-150　南方建筑月梁深浮雕

3. 透雕、镂空雕工艺流程

（1）透雕

透雕是把雕件图案中没有表现景物的部位，用钢丝锯沿图案的轮廓留线（留余量），将空白处锯除呈透空状，雕刻术语称之为"拉花"。拉花锯除部分前后要贯穿，锯出来的空洞上下相对垂直与基料，锯口要整洁清晰，锯下的料可在原来的空洞上下活动。然后进行细部雕刻加工。图 2-151 为透雕挂匾《玉堂富贵》。

（a）图纸设计

图案的轮廓留线

拉花时钢丝锯要垂直于基料

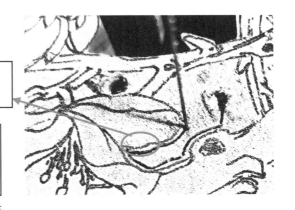

（b）拉花操作

（c）透雕《玉堂富贵》毛坯

图 2-151

（d）透雕《玉堂富贵》修光完成

（e）局部特写

（f）实物

图 2-151　透雕挂匾《玉堂富贵》（雕刻于 2015 年）

（2）镂空半圆雕

镂空半圆雕为四面雕刻（正、左、右、上），造型自然流畅。加工流程为：取基料、贴图纸（复印）、拉花（锯孔）、打坯、修光（细雕）、打磨（清刀雕除外）。

镂空半圆雕须弥座部件雕刻加工制作详见图2-152为镂空半圆雕加工流程，图2-153为半圆雕花罩及配件。

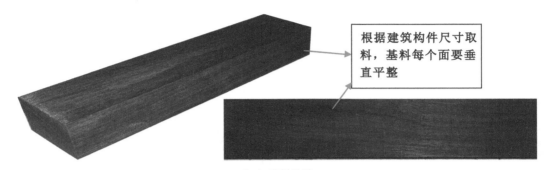

根据建筑构件尺寸取料，基料每个面要垂直平整

（a）基料选取

（b）贴（复印）图纸

（c）毛坯正面

（d）毛坯反面

图2-152

（e）修光反面

（f）修光仰视

（g）修光完成正面

图 2-152　镂空半圆雕加工流程

（a）透雕《双凤牡丹》花罩

（b）花罩配件"垂头"1　　　　　　　　　（c）花罩配件"垂头"2

（d）花罩配件"垂头"3　　　　　　　　　（e）花罩配件"插榫"

图2-153　半圆雕花罩及配件（雕刻于2016年）

（3）镂空双面雕

镂空双面雕是在透雕的基础上，集圆雕和浮雕手法进行多层次雕凿。与一般的雕刻技法有所不同，它不受平面约束，是把平面雕转化为半立体雕，雕琢出各种不同的景物，做到景与物之间相互穿插交叉、疏密相间、错落有致、穿枝过梗。但镂空部分容易断裂。为了保持物件牢固，打坯雕者要有相当雕刻功底及意想思维空间，做到"以刀代笔、刀随意动"。镂空雕除一般雕刻刀具外，还需要特制加长翘头凿、铲底凿、翘头三角刀等专用刀具，进行镂空深雕。其工艺正反两面都可以欣赏，具有较强的观赏性，多用于雀替、花罩、牙板、围栏、花板等。

镂空双面透雕先沿图案的轮廓用钢丝锯锯孔，然后进一步打粗坯雕刻。大方向开粗后，根据设计图案要求，景物前后左右贯穿交叉穿插镂空，以达到丰富的多层次空间感。镂空时注意木纹横纵向及景物之间的相交点，防止断裂脱落。图 2-154 为双面透雕花罩正反面毛坯，图 2-155 和图 2-156 分别为镂空双面透雕修光完成的正反面。

（a）双面透雕花罩（雕刻于 2016 年）

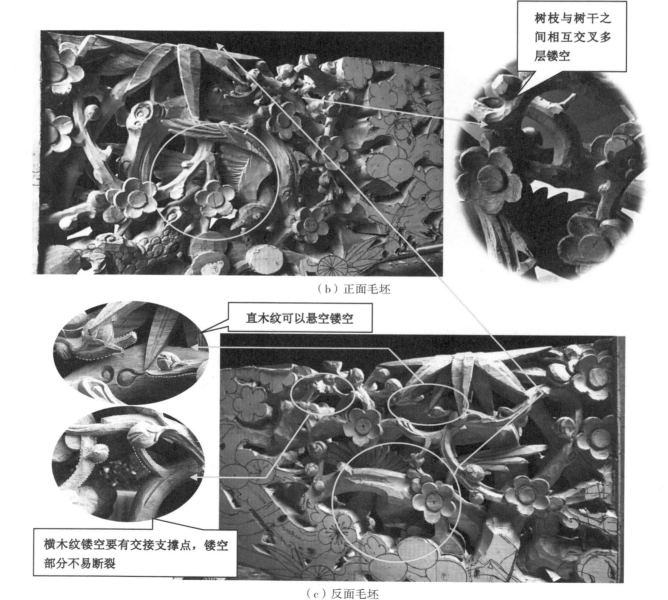

（b）正面毛坯

树枝与树干之间相互交叉多层镂空

直木纹可以悬空镂空

横木纹镂空要有交接支撑点，镂空部分不易断裂

（c）反面毛坯

图 2-154　双面透雕花罩正反面毛坯

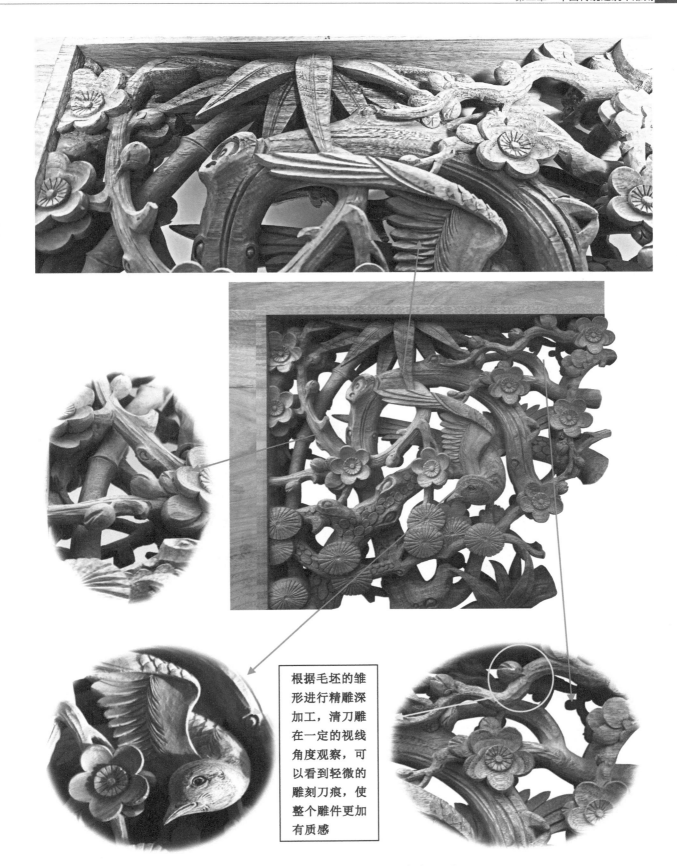

根据毛坯的雏形进行精雕深加工，清刀雕在一定的视线角度观察，可以看到轻微的雕刻刀痕，使整个雕件更加有质感

图 2-155 镂空双面透雕修光完成（正面）

每个镂空部位相交点，要根据整体雕刻的受力，相互牵引，使镂空部分更加牢固

图 2-156　镂空双面透雕修光完成（反面）

（4）组合贴附雕

组合贴附雕综合了集浮雕、镂空雕、圆雕等多种雕刻技法，也称为组装雕、组装镂空雕。具体是将画面图案先拆分成多个主体层，然后将每个主体层图案又拆分成多个单独组件进行雕刻，而后叠加贴附逐层对接组装雕刻。在整体图纸设计完成后，要按图纸景物层次拆分成若干主体层和单独组件，将每个图层和单独组件进行拆分并编号。拆分图纸必须考虑图像分解后，各图层和组件的空间及前后厚度，层与层之间交叉穿插及单个拆分组件贴附牢固度，木材色泽、纹理对各拆分层体的合理应用，综合运用浮雕、镂空雕、圆雕等多种技法进行雕刻。每个拆分组件个体雕刻完成后，按编号逐一装上插闩进行组装贴附，组装时注意层与层之间和层与单独个体衔接点接口要自然顺畅。组装贴附完成后整体画面层次分明，视觉效果自然。图纸拆分详见图 2-157 ~ 图 2-160。

设计图纸时将整体图案按颜色分前后两层。
浅色为"前雕层"，颜色较深为"后雕层"

图 2-157　前、后雕组合图纸

（a）前雕整体图纸

（b）后雕整体图纸

图 2-158　组合贴附前后雕图纸拆分

（a）前雕图纸拆分

（b）前雕贴附组件图纸拆分

图 2-159　前雕拆分主体与贴附组件

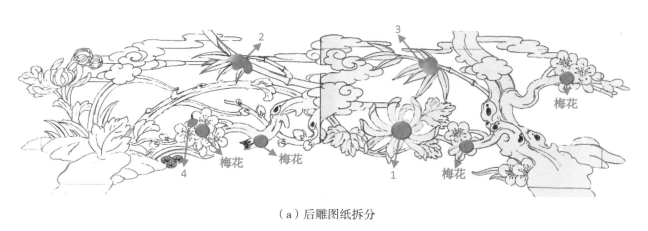

（a）后雕图纸拆分

（b）后雕贴附组件图纸拆分

图 2-160　后雕拆分主体和贴附组件

　　按拆分好的图案组件按编号逐一进行贴图、拉花、打坯、修光雕刻，雕刻时注意每个组件上下结合点要吻合，最后按前后雕各组件编号进行组装，详见图 2-161～图 2-165。

梅花 梅花 梅花 梅花 梅花 梅花

（a）前雕主体编号

（b）贴附组件 1

（c）贴附组件 2

（d）贴附组件 3

（e）贴附梅花

每个组装件
反面都必须
装插闩

（f）贴附装插闩示意

图 2-161 前雕拆分主体和贴附组件

图 2-162 前雕组装完成

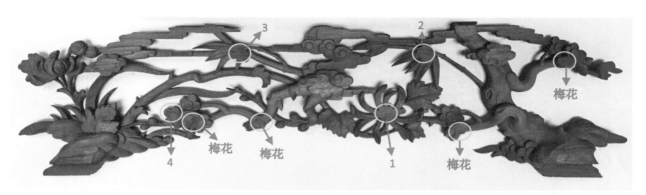

（a）后雕主体编号

（b）贴附组件1

（c）贴附组件2

（d）贴附组件3

（e）贴附组件4

（f）贴附梅花

图2-163　后雕拆分主体和贴附组件

图2-164　后雕组装完成

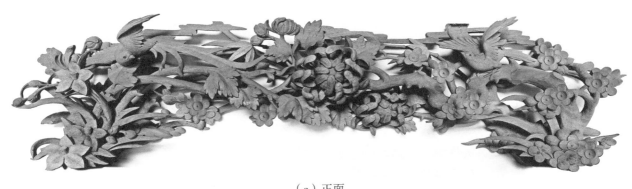

（a）正面

（b）侧面

图 2-165　组合雕完成

三、建筑木雕构件的安装与保护

建筑木雕构件雕刻完成后，应做好相应的保护措施，进行包装处理，做到防灰尘、防潮、防晒、防开裂变形等，并分类码放。在运输或搬运时应轻搬轻放、严禁磕碰，确保安装时品质完整。木工技师在安装时要按设计要求，根据不同位置的木雕构件进行安装。木雕构件安装时要注意：要佩戴手套保护雕件清洁度，不允许钉铁钉，不宜在潮湿梅雨季节安装，夏季要做好防晒保护。另外在雕刻构件安装过程中需要使用锤子敲击时，尽量使用木质锤子，敲击构件接触面应垫比构件基料更软的材料轻轻敲击，防止雕件损坏。

参考文献

［1］马炳坚 . 中国古建筑木作营造技术 . 北京：科学出版社，2003.

［2］刘大可 . 古建筑工程施工工艺标准 . 北京：中国建筑工业出版社，2007.

［3］祁英涛 . 中国古代建筑的保护与维修 . 北京：文物出版社，1986.

［4］故宫博物院古建筑管理部 . 内檐装饰图典 . 北京：紫禁城出版社，1995.